Hypnose ericksonienne et développement personnel en groupe

Teresa Robles

Hypnose ericksonienne et développement personnel en groupe

SATAS

Titre : Hypnose ericksonienne et développement personnel en groupe

Auteur : Teresa Robles

Chaussée de Ninove, 1072
BE 1080 Bruxelles - Belgique
info@satas.com
www.satas.com

Traduction : Armelle Touyarot

Mise en garde :

Cet ouvrage est destiné aux psychologues, psychothérapeutes et au public intéressé par la santé mentale.

La lecture de ce texte ne dispense nullement de consulter un thérapeute compétent, au fait des règles de bonne pratique et des recommandations professionnelles les plus récentes.

L'auteur et l'éditeur dégagent toute responsabilité quant à d'éventuels dommages résultant d'informations puisées dans cet ouvrage.

Imprimé dans l'Union Européenne

ISBN 978-2-87293-147-7

Dépôt légal : Bibliothèque Royale de Belgique

n° D/2015/4664/05

Table des matières

Prologue

Les anciens Chinois disaient : « Quand ton bol est vide, tu peux l'utiliser, et quand tu le remplis de riz, tu possèdes du riz mais tu ne peux plus utiliser le bol jusqu'à ce que tu le vides à nouveau. » De la même manière, il est nécessaire de se vider la tête des anciennes idées pour y laisser entrer l'inspiration de l'univers.

J'ai toujours aimé écrire, enseigner et partager de la sorte ce que je sais, ce que je crois, ce que je ressens. Depuis sa création en 1999, j'ai voulu que le Centre Ericksonien de Mexico soit un lieu de rencontre où accueillir les idées de chacun, en créer de nouvelles, et les diffuser. C'est ma façon de contribuer à ce que ce monde qui tourne à l'envers[1] fonctionne naturellement, avec de la joie, de l'amour, du bien-être et de la paix.

Un autre proverbe chinois dit :

> *Celui qui connaît la paix dans son cœur, fait grandir la paix dans sa famille,*
> *celui qui connaît la paix dans sa famille, fait grandir la paix dans sa communauté,*
> *celui qui connaît la paix dans sa communauté, fait grandir la paix dans son pays,*
> *celui qui connaît la paix dans son pays fait grandir la paix dans le monde.*

---

1. L'idée du *monde qui tourne à l'envers* vient du cadre de référence anthropologique, historique et social que je propose pour expliquer l'apparition de la psychopathologie. Vous la retrouverez dans les différentes séances ainsi que dans Robles Teresa, *La magie de nos masques*, Satas, Coll. Le Germe, Bruxelles, 2007, pp. 116-134, et dans *Ideas prácticas para el manejo de conflictos*, de Teresa Robles, Alom Editores, S.A. de C.V., 2003.

C'est pourquoi je travaille en psychothérapie, pour contribuer à faire grandir la paix dans les cœurs.

La publication de ce livre relève de cette mission d'évacuer les vieilles idées pour faire place à de nouvelles et partager un matériel utile pour les nombreuses personnes qui nous consultent. C'est un ouvrage que je gardais en réserve depuis des années.

Il propose des thèmes universels et d'intérêt général que l'on devrait pouvoir aborder au moins une fois dans sa vie pour dénouer les nœuds qui perturbent notre croissance.

Milton H. Erickson, Carl Rogers et d'autres auteurs disent que les êtres humains ont une tendance naturelle à la croissance et au bien-être ; mais alors, pourquoi les problèmes apparaissent-ils ? Je pense que ce sont de mauvais apprentissages qui nous amènent à croire qu'il est naturel d'aller mal, de souffrir de la vie, de payer pour mériter.

Un tel Groupe de Croissance nous aide à commencer à défaire certains de ces nœuds en reconnaissant ces apprentissages, en les remettant en question et en les transformant au moyen d'exercices d'états amplifiés de conscience.

Même si nous travaillons avec des techniques ericksoniennes, ce canevas peut être utilisé par des psychologues formés à d'autres types de psychothérapie, car il a été conçu dans cette optique.

J'ai discuté de la première version et l'ai mise en application pour la première fois avec le docteur Marta Fernández en 1998. Depuis, elle s'est modifiée au travers de la pratique. J'ai laissé ce manuel de côté quelque temps, et je l'ai sorti du tiroir il y a quatre ans quand Ignacio Alvarez Icaza, un ami de toujours, m'a dit : « Tu devrais utiliser toutes les choses que tu as créées et pas seulement tâcher d'en trouver de nouvelles, le Groupe de Croissance m'a beaucoup aidé. » J'ai demandé à Juan Pablo Alcántara, à cette époque psychiatre et thérapeute au Centre, de rassembler les différentes versions dont nous disposions. Iris Corzo, coordinatrice de l'enseignement du Master m'a proposé d'en rédiger un document de travail pour nos élèves et Augustin Monsreal m'a fait valoir que ce pourrait être un ouvrage de la collection consacrée aux techniques, qui pourrait intéresser un public plus large que celui de nos élèves. Jérôme Taillandier, membre du groupe *Le Germe*, qui traduit en français des livres ericksoniens, m'a encouragée à le terminer et m'a même invitée à passer quelques jours chez lui, dans le sud de la France près de Carcassonne, pour peaufiner le texte.

Pourtant le Manuel est retourné dans son tiroir pour quatre ans de plus parce que la création du Centre Ericksonien de Mexico et son développement ont pris tout mon temps par la suite.

Aujourd'hui en 2003, il a fini par voir le jour, au titre de premier ouvrage d'une série de **Manuels ericksoniens pour travailler avec des groupes**, grâce à Indesol qui a donné le dernier coup de pouce en finançant la publication de 500 exemplaires à répartir entre les psychologues de nos écoles secondaires.

J'aimerais remercier pour leur soutien tous ceux qui ont apporté leur contribution, ainsi que tous les participants de ces groupes et les thérapeutes coordinateurs de ces quinze ans. Leurs commentaires m'ont permis de continuer à l'améliorer.

En réalité, chaque fois que j'écris, je devrais remercier toujours plus :

- mes enfants et petits-enfants, Andrès, Cecilia, Rodolfo, Daniel, Elena, Rodolfito, Ana Ceci, Renata, Aranza, Sofia et Martin, qui remplissent ma vie de couleurs, de lumière et d'amour que je peux ensuite partager sur ma route ; mais un merci tout particulier à Cecilia avec qui j'ai aussi la chance de collaborer professionnellement. Son soutien a été très important pour moi cette dernière année.
- à mes collègues, thérapeutes au Centre Ericksonien de Mexico, avec lesquels il y a en permanence échanges et soutiens : Margarita, Cécile et Francisco ;
- à mon équipe de direction du Groupe Centre Ericksonien de Mexico, qui s'occupent efficacement du fonctionnement de l'ensemble de la structure, me permettent d'étudier, de penser, d'enseigner, d'écrire. Je les remercie de poser, jour après jour, les bases qui permettent à ma multitude d'idées de devenir réalité. Je les cite dans l'ordre de leur arrivée au Centre : Alfredo, Natividad, Miguel Angel et Margarita.

- tout le personnel administratif qui entretient et assure le fonctionnement de la structure du Groupe : Rosi, Efigenia, Mercedes, Fernando, Alfonso, Saúl, Carmen, Diana, Carolina, Raúl, Madame Soco, Monsieur Alejandro, notre comptable, Marun et Malú, notre correctrice.
- mon groupe des jeudis soirs : Antonio, Chano, Denise, Letty et celui des jeudis matins : Cécile, Margarita, Márgara, Beatriz, Francisco, Cristina, Natividad et Miguel Ángel, ils m'aident à grandir et à accomplir ma mission ;
- nos professeurs qui partagent leurs connaissances et leurs expériences avec nos élèves : Alejandra, Juanita, Marcelo et tous les élèves qui donnent du sens à notre vocation d'enseigner ;
- Marilia Baker, conseillère internationale pour son soutien constant et affectueux ;
- tous les thérapeutes de *Yo Soy Creciendo*, qui nous aident à aider ;
- Marta Ulloa, notre imprimeur, toujours prête à donner des idées et à galoper pour qu'un ouvrage paraisse à temps ;
- mes amis…

Préface

Cette brève introduction a été écrite à Rio de Janeiro où je suivais une semaine d'enseignement avec Teresa Robles. Nous partageons un profond intérêt pour les approches ericksoniennes et une fascination pour les expressions tellement différentes de cette façon générale de regarder le monde. Cette semaine avait une signification tout à fait particulière puisqu'elle commémorait le centenaire de la naissance de ma mère et avait donné lieu à de nombreuses discussions spontanées sur l'importance de l'amour et des liens.

J'ai découvert le travail de Teresa aux alentours de 1990 alors que j'assistais à une conférence qu'elle donnait sur le thème des « masques ». À ce moment-là, j'ai été impressionnée par la façon paradoxalement simple et cependant profonde dont elle évoquait le travail avec des problèmes rencontrés au quotidien dans les pratiques professionnelles. Elle proposait une métaphore très pratique pour conceptualiser les effets des attentes des autres sur notre façon d'apprendre à nous regarder nous-mêmes. L'utilisation que fait Teresa de la métaphore des masques se référant aux perceptions et aux réactions envers nous de ceux qui nous entourent, offre un cadre de travail pour comprendre les nombreuses couches des expériences qui sont les nôtres.

À la suite de ce premier contact avec Teresa, je me suis mise à étudier ses idées, curieuse de découvrir la suite de son évolution créative. C'est une enseignante douée d'un talent naturel pour guider et superviser ses étudiants ; en décrivant, en expliquant, et en montrant comment explorer des chemins intuitifs qui semblent simples et très naturels. Sa méthode de travail est constituée en profondeur de couches qui ne sont ni aussi directes ni aussi superficielles qu'il pourrait y paraître à première vue.

Les démonstrations artistiques de Teresa, assorties de schémas clairement définis, produisent des résultats qui atteignent chacun de nous au plus profond de son âme. Pour elle, cette méthodologie s'inscrit dans la droite ligne du style de Milton H. Erickson dans les dernières années de sa vie. Ces mêmes années ont correspondu à ma période de jeune adulte au domicile parental quand j'ai commencé à me demander pourquoi tant d'étudiants venaient en pèlerinage des quatre coins du monde pour voir mon père. En le regardant travailler avec mes yeux d'enfant, j'étais déconcertée par son utilisation paradoxale d'un langage général que ses étudiants disaient non seulement spécifique, mais particulièrement ciblé pour eux – individuellement. J'y vois des parallèles avec la façon dont travaille Teresa. Les préoccupations, les problèmes et même les solutions universellement partagés sont intégrés dans les « histoires » racontées à la fois par l'étudiant et par l'enseignant.

Le paradoxe du général néanmoins spécifique, c'est ce qui transforme une situation individuelle en une affaire de loin plus importante que vous ou moi. On demande à la sagesse qui transcende l'individu de guider chacun de nous dans le sens de la guérison. Erickson tendait à croire à la bienveillance de l'esprit inconscient. Teresa parle de la Sagesse Universelle. Esprit inconscient ou Sagesse Universelle, l'un et l'autre sont une ressource qui s'étend bien au-delà de la situation immédiate, dans les vastes étendues du temps, des expériences, et des apprentissages acquis au cours de la vie, et même des apprentissages acquis à travers les expériences des générations précédentes ou du milieu culturel. Teresa parle de la façon dont la Sagesse Universelle puise dans les ressources de l'univers dans son ensemble ; Erickson expliquait les ressources de l'esprit inconscient du fait que celui-ci a enregistré de manière indélébile toutes les expériences de vie. Même s'il y a peut-être une différence philosophique dans la façon d'y parvenir, la portée des deux approches dépasse de loin les limitations qui accablent les gens de problèmes. Apprendre à faire confiance à quelque chose de plus grand que l'environnement actuel est ce qui précipite l'attente d'une capacité à trouver des possibilités, un équilibre, et à commencer à guérir.

Alors qu'une part du génie d'Erickson résidait dans son aptitude à remarquer les détails des expressions non-verbales, Teresa a cultivé sa capacité à remarquer la concordance des interactions verbales et non-verbales. Elle explore la communication d'une autre manière, en recherchant attentivement les sentiments, les images, les couleurs, les sensations, les mots, les expressions, et les idées qui parlent des capacités d'adaptation qu'il y a en chacun de nous. Elle établit des liens à un niveau inconscient, tout comme le faisait Erickson. On ne peut pas consciemment saisir toute la signification qu'il y a dans l'imagerie symbolique et au-delà – elle doit être acceptée comme étant significative à sa façon. La spiritualité personnelle de Teresa, associée à sa formation d'anthropologue, à sa passion pour les langues et à sa profonde connaissance de l'appartenance culturelle lui donne un avantage considérable pour mettre en avant l'inconnu et le non-dit. De cette manière, elle est tout aussi mystérieuse et magique que Milton H. Erickson lui-même.

La Conversation Hypnotique est l'un de ses principaux outils. Teresa commence souvent son exploration par quelques questions et en faisant des transitions vers toute une série d'histoires, souvent à propos d'elle-même, de ses enfants ou de ses petits-enfants. Même si les interactions peuvent prendre la forme d'une conversation ordinaire, une préface avant de débuter le travail, elle observe attentivement les réactions, en recherchant de temps en temps des données verbales. En plus de récolter des réactions, elle parsème le jardin de possibilités, de liens, d'adaptation et de découvertes. Au moment où le sujet s'engage dans un schéma formel, cérémonial, le travail thérapeutique est déjà bien avancé. La recherche inconsciente est déjà activée, de nouvelles compréhensions et de nouvelles associations ont déjà commencé à trouver leur expression chez celui qui écoute. Comme Erickson, Teresa entre dans un état de transe et fait confiance à sa propre sagesse intérieure pour montrer le chemin – et fait confiance à la propre sagesse intérieure de celui qui écoute pour trouver de la pertinence dans la façon dont se relient les séries d'histoires. Teresa utilise parfois un schéma plus structuré, et Erickson utilisait à certains moments une induction de transe plus formelle. Tous les deux utilisent les suggestions post-hypnotiques pour permettre à l'expérience personnelle interne de déclencher une re-visite de l'état hypnotique à la recherche de plus de clarté, de prises de décision ou de découvertes par soi-même. Erickson encourageait ses sujets à prendre des notes sur leurs expériences quotidiennes. Teresa a une prescription ritualiste qui consiste à prêter attention à son état et à confier le travail à la Sagesse Universelle. Différents mais si proches, ils obtiennent des résultats tout à fait semblables. Les sujets d'Erickson et de Teresa rapportent des changements de vie en un laps de temps extrêmement bref.

Il n'est pas rare pour moi de rencontrer des étudiants ou des patients de mon père après toutes ces années qui me parlent d'une expérience déterminante pour leur vie, que mon père avait déclenchée en eux. Je suis toujours intriguée par la façon dont un moment apparemment simple influence une vie. Pourtant, on nous raconte encore ces anecdotes personnelles, à moi ou à mes frères et sœurs – des hommages à notre père, trente-cinq ans après sa mort – souvent bien des années après que l'interaction clé a eu lieu. Le travail de Teresa est relativement nouveau, il n'a pas encore eu l'occasion de passer l'épreuve du temps. Je pense qu'il va perdurer alors même qu'il continue à évoluer.

Roxanna Erickson-Klein. 2015.

Prologue à la troisième édition

Depuis la première publication de ce manuel, ma façon de travailler a évidemment évolué. De plus, après tant d'années de pratique avec ce groupe, je me suis nourrie en retour de mon expérience, mais aussi de celle de nos professeurs et de nos élèves.

Aujourd'hui, au lieu de parler de ma Partie Sage ou du « Je Suis », je préfère parler de Sagesse Universelle vu que toute l'information de l'univers est en moi, et en chaque partie de l'univers. Beaucoup de personnes, en entendant « Je Suis », reliaient ce travail à la métaphysique. Pour d'autres, l'idée d'une Partie Sage les amenaient à penser qu'ils pouvaient avoir une Partie Idiote, Saboteuse ou autre, qui pourrait s'opposer avec la même force. Rappelez-vous, chère lectrice, cher lecteur, que, pour notre cerveau, ce que nous imaginons est plus puissant que ce qu'il reconnaît lui-même comme étant la réalité. Cela se produit, par exemple, quand on regarde un film d'horreur, et l'on a beau savoir qu'il s'agit d'un film, on a le cœur qui bat plus fort, peut-être les mains qui transpirent et on sursaute si l'on entend du bruit derrière nous.

La Sagesse Universelle est à tel point devenue l'axe de mon travail que je commence à appeler le type de thérapie ericksonienne que je pratique, la Thérapie fondée sur la Sagesse Universelle.

Dans la précédente édition, en m'appuyant sur le postulat de la métaphore du rempart[2], je commençais chaque exercice en demandant aux participants d'imaginer leur rempart, et de s'y mettre à l'intérieur. Il y a un peu plus d'un an, lors d'une de ses visites au Centre, j'ai entendu Betty Erickson dire que si l'on propose aux personnes qui nous consultent

2. Ou du « mur » selon d'autres traductions (NdT).

de s'installer dans un endroit pour y faire un travail thérapeutique, nous sommes en train de dire, de manière indirecte, à un autre niveau de communication, que là où est la personne, ce n'est pas un lieu sûr. Pour cette raison, j'ai supprimé cette invitation à s'installer confortablement à l'abri du rempart au début de chaque exercice.

Cependant, je constate de plus en plus que le rempart est un thème universel des plus importants. Pour aller bien, nous avons besoin de savoir clairement jusqu'où je vais moi, avec mes croyances, mes désirs, mes rêves, mes difficultés, et où commencent les autres. Et comme cette limite, de par sa forme de rempart, laisse passer ce qui nous fait du bien ou ce qui est à nous et bloque le passage à ce qui pourrait nous faire mal ou à ce qui n'est pas à nous, elle est pratique dans bien des situations. Par exemple, quand quelqu'un nous critique ou nous agresse, notre rempart laisse passer ce qu'il y a à apprendre pour grandir et changer (ce que nous avons mal fait et comment nous pourrions le faire mieux) mais montre aussi clairement que la colère, les mauvaises paroles de l'autre et ce qui lui déplaît en nous, c'est à lui, pas à nous.

L'une de nos enseignantes, Cecilia García Barrios, m'a raconté qu'elle a fait l'exercice pour « *apprendre à t'aimer toi-même juste comme tu en as besoin* ». Comme vous le verrez, dans cet exercice, il vous est proposé de vous imaginer à tous les âges et de vous donner de l'amour et de la reconnaissance. Elle a travaillé à s'accompagner dans les âges où elle a eu besoin de soutien, d'amour, de protection, de compagnie, pour transformer en imagination ce qui s'était produit dans ces moments de sa vie et le reconstruire comme elle en avait besoin.

Cecilia Fabre, qui dirige notre groupe, a créé une formation en constellations familiales d'approche ericksonienne. Selon la méthode des constellations, la personne qui découvre qu'elle a un problème qui appartient à l'un de ses ancêtres doit le lui rendre. Ce qui se fait dans les constellations ericksoniennes, ainsi que dans ce Manuel, c'est que nous invitons l'ancêtre à confier cette difficulté à sa Sagesse Universelle au lieu de se la garder. Nous invitons aussi tous les ancêtres qui sont morts à revenir au moment de leur décès pour sortir de leur corps en y laissant tout ce qui les a gênés dans la vie et en emportant seulement les apprentissages et les expériences positifs.

Tous ces changements ont généré des changements également dans les « Recommandations au coordinateur de groupe, à travers le prisme ericksonien ».

David Campos, enseignant de notre groupe à Morelia, m'a aidée à enrichir l'introduction en parlant des groupes comme d'un monde intermédiaire qui permet de tester le changement avant de le mettre en œuvre à l'extérieur.

Je leur renouvelle à tous mes remerciements ainsi qu'au personnel qui s'est associé pour rendre possible la publication de ce livre : Rodolfo, Carmen, Fer, Daniel, Gilberto, Mercedes et maintenant Lisandro.

Teresa Robles

Mexico, D.F. 24 juin 2014

1. Introduction. Le travail ericksonien avec des groupes

Dans ce monde trompeur,
rien n'est vrai, rien n'est faux,
tout dépend de la couleur
des verres avec lesquels on le regarde.

Ainsi en est-il de la psychothérapie. Les stratégies et les techniques n'ont de sens qu'à partir de l'épistémologie (ou de la manière de voir le monde) de ceux qui les proposent et des cadres conceptuels dont ils découlent.

Au Centre Ericksonien de Mexico, nous élaborons de nouvelles manières de faire de la psychothérapie, en y intégrant d'autres cadres de références.

Tout dépend de la couleur des verres avec lesquels on regarde...

Sigmund Freud voyait l'origine de toutes les pathologies dans nos premières années. Milton H. Erickson quant à lui, situait dans les mêmes années les apprentissages fondamentaux, structurants, qui nous permettent de résoudre les difficultés que la vie nous donne à connaître. Les analystes transactionnels rencontrent chez tous leurs patients un adulte, un parent et un enfant, et les thérapeutes des états du Moi y trouvent des personnalités distinctes (les états du Moi) qui se manifestent, entrent en conflit, se refusent à changer : tout dépend de la couleur des verres avec lesquels on regarde.

La majeure partie de la bibliographie sur la psychothérapie de groupe ou en groupe a un cadre de référence psychanalytique et, à partir de ce cadre, elle propose un canevas et des techniques. Puisque la création de la névrose de transfert et sa résolution par l'analyse est l'axe du travail psychanalytique, on cherche à détecter et à travailler le transfert entre les participants, de ceux-ci avec le groupe, avec le thérapeute et avec l'institution ou le monde extérieur.

Wilfred Ruprecht Bion pense que tous les groupes passent par trois moments dans leur évolution : de dépendance, d'attaque et de fuite, et d'espérance messianique, et nous pouvons retrouver ces moments dans tous les groupes d'approche psychanalytique, parce que nous regardons à travers ce prisme.

Tous, absolument tous, nous naissons et grandissons en groupes : la famille, l'école, les amis. Dans les groupes, nous apprenons parmi tant d'autres choses, l'ordre social, des valeurs, une vision de nous-même et des autres, à établir des relations, à savoir que nous faisons partie de quelque chose, et nous y développons en outre des habiletés.

Le groupe fonctionne comme un monde intermédiaire où l'on peut changer et vivre les changements avant de les vivre dans le monde extérieur.

C'est en partie pourquoi il est important de travailler en groupe, outre que le travail avec les états amplifiés de conscience, comme nous le verrons, est plus puissant en groupe qu'individuellement.

Milton H. Erickson disait que la communication (et l'on pourrait dire la réalité) a plusieurs niveaux : celui des paroles et des actions, le visible, le caché, celui qui naît du contexte et bien d'autres. C'est la théorie du prisme au travers duquel nous observons les phénomènes, et selon cette théorie, ce prisme agit comme un filtre qui nous fait remarquer ce que nous voulons observer et efface un peu le reste.

À travers le prisme, nous construisons une version de la réalité, laquelle s'ajuste à notre théorie et c'est ensuite en fonction de celle-ci que nous appliquons des techniques.

Tout dépend de la couleur des verres avec lesquels on regarde...

Comme Milton H. Erickson, nous partons du principe, au Centre ericksonien de Mexico, que la thérapie fait partie de la vie, et le transfert est une nuance, un élément de plus dans les relations humaines. Nous pensons que, même si toute personne et toute vie est unique, par le fait d'être des humains et de partager les mêmes expériences de base, nous sommes dans le fond très semblables. Et bien sûr, ceux qui grandissent dans une même société et une même culture sont encore plus semblables. Cela nous permet de travailler, dans les groupes, les thèmes universels que sont les blessures, les masques qu'on nous met, etc.

Nous disons que ce groupe n'est pas un groupe thérapeutique, du fait que les participants ne vont pas parler de leurs problèmes ni de leur vie. C'est un groupe conçu pour grandir ensemble. En réalité, même si le groupe n'est pas thérapeutique, les résultats le sont tout à fait. Il se résout beaucoup de problèmes en travaillant les thèmes universels. Je préfère poser d'emblée que ce groupe n'est pas thérapeutique pour éviter de porter l'attention sur les problèmes pour normaliser les situations qui se présentent en faisant remarquer que ça nous arrive à tous, et pour pouvoir travailler sous forme indirecte des situations honteuses, douloureuses ou qui font peur.

Par ailleurs, le travail avec les états modifiés de conscience[3] est plus puissant en groupe que le travail individuel. Ceux qui font de la méditation le savent très bien. Ce n'est pas la même chose de méditer en groupe que tout seul. Ce n'est pas non plus la même chose d'écouter un concert tout seul, même avec le meilleur matériel d'écoute, que dans une salle de concert pleine.

Quand on fait un exercice de transe hypnotique sur un thème dans un groupe, les symboles qui apparaissent représentent la forme particulière

---

3. D'après la neurophysiologie, on peut faire la distinction entre l'état de vigilance, l'état dans lequel nous sommes éveillés, en train de brasser des idées, et les états que l'on appelait auparavant les états altérés de conscience et qui sont connus maintenant comme des états amplifiés de conscience, parce qu'en même temps que notre attention se tourne vers l'intérieur, on continue à suivre ce qui se passe à l'extérieur. Dans ces états, notre esprit fonctionne d'une manière différente.

sous laquelle se manifeste ce thème en chacun. Les participants décrivent au groupe ce qu'ils ont imaginé. Par exemple, quelqu'un peut raconter qu'il a imaginé sa difficulté dans sa relation aux autres comme une colonie d'oursins qui ne peuvent s'approcher les uns des autres sans se piquer. En l'écoutant, de même qu'en lisant cet exemple, nous imaginons tous la colonie d'oursins et, même si les oursins sont le symbole de cette personne-là, le fait de l'imaginer nous fait évoquer les nôtres, teintés des nuances propres à notre histoire. Quand cette personne nous raconte qu'en sentant sa respiration les oursins sont devenus des masques qui couvrent des petits lutins qui nageaient au fond de la mer en se tenant par la main et qui remontent à la surface, nous imaginons tous également la solution et nous avons ainsi résolu l'élément oursins dans nos relations, qui n'était peut-être pas apparu dans notre symbole parce que celui-ci représente notre difficulté principale à ce moment-là. C'est ainsi que les images des autres nous aident à résoudre d'autres éléments qui auraient probablement mis plus de temps à émerger dans un travail individuel par le seul fait que nous aurions d'autres priorités, consciemment ou inconsciemment.

Si une personne a du mal à imaginer et à évoquer des symboles, le travail ericksonien en groupe lui permet de faire siennes les descriptions des autres, de travailler avec elle-même et, après quelques séances, elle finit toujours par imaginer.

Laissant à chaque lectrice, à chaque lecteur, la possibilité d'adapter ce Groupe à sa propre théorie, à ses techniques et à son cadre de référence[4], j'aimerais présenter notre façon de travailler.

---

4. Teresa Robles travaille les thèmes universels que sont nos blessures, nos limites, nos masques au travers de métaphores (rempart, déguisements) qui lui sont habituelles et adaptées à la culture mexicaine, et qui pourraient ne pas convenir au lecteur. Libre à lui d'utiliser des métaphores correspondant à sa personnalité, à ses cadres de référence et à la composition des groupes (NdT).

Recommandations au coordinateur de groupe, à travers le prisme ericksonien

1. Évitez de rendre la personne responsable du changement au cours de l'exercice, proposez-lui de laisser cette responsabilité aux mains de sa respiration pendant qu'elle observe ce qui se passe ;
2. Évitez de porter l'attention sur les problèmes, portez-la sur les solutions ;
3. Trouvez des apprentissages de mauvais moments que nous avons déjà surmontés ;
4. Normalisez les situations qui apparaissent en les situant dans le contexte où elles se sont produites, puis dans un meilleur contexte social, ce qui permet de comprendre qu'une autre personne dans cette situation aurait réagi de la même façon ;
5. Repérez les croyances limitantes que les participants tiennent pour des postulats incontestables ;
6. Utilisez le langage métaphorique qui est plus facile, plus riche et imaginatif et qui ouvre la porte à l'état amplifié de conscience ;
7. Parlez de vous-même, citez des exemples de votre vie ;
8. Respectez le silence de ceux qui ne veulent pas faire de commentaires. Rappelez-vous qu'il ne s'agit pas d'un groupe thérapeutique, mais assurez-vous que tous aillent bien ;
9. Quoi qu'il se passe pendant l'exercice, qu'il y ait ou pas des images, qu'il y ait ou pas des changements, tout ce qui survient est convenable. Ce qui indique que le processus suit la bonne route, c'est l'apparition d'une sensation de bien-être ou d'une sensation agréable ;
10. Si quelqu'un se sent mal pendant l'exercice, demandez au reste du groupe d'imaginer ce qui arrive à cette personne, de le résoudre avec leur respiration et de commenter les solutions.

Le groupe de croissance est conçu pour se faire en dix séances de une heure et demie. Vous trouverez dans les chapitres suivants le contenu de chaque séance. Au-dessous de chaque sous-titre, je présente la conversation hypnotique qui correspond au thème traité.

Le coordinateur introduit le thème de la séance en utilisant le langage hypnotique[5], c'est-à-dire en parlant d'une manière qui incite les participants à regarder en eux-mêmes, et à ressentir, à se souvenir, à évoquer des images. Il peut leur demander leur avis ou des exemples de leur vie qui complètent ses propos, sans laisser personne abuser du micro ni chercher à expliquer les images ou les anecdotes d'une manière rationnelle.

On travaille ensuite le thème ; nous le faisons avec des exercices ericksoniens ; vous pouvez le faire, vous, si vous le voulez, avec ceux qui correspondent à votre technique. Cependant, ici, les exercices sont rédigés pour que vous puissiez les lire d'une voix claire, posée, et avec une intonation qui capte l'attention des membres de votre groupe. Comme dans tout notre travail, et dans le cadre des mesures destinées à protéger les personnes, nous mettons le changement aux mains de la respiration[6] et l'ensemble du processus aux mains de notre Partie Sage, qui était pour Erickson notre esprit inconscient et qui, comme on le verra plus loin, est pour nous bien plus que ça, notre Essence.

Après chaque exercice, on demande aux participants de commenter les images et les sensations qui sont apparues. Comme je l'ai déjà signalé, si quelqu'un a l'impression que quelque chose n'est pas résolu ou se sent mal à l'aise, on peut demander à tout le groupe d'imaginer le blocage de cette personne et de le résoudre avec la respiration.

Ce qui indique au mieux que l'exercice se déroule bien, c'est que la personne se sent confortable. On peut suggérer avant de terminer : *observez comme il apparaît une sensation agréable qui n'était pas là avant ou une sensation qui était déjà là avant et qui se fait plus précise, c'est*

5. Voir Teresa Robles, *Concerto pour quatre hémisphères*, « Quinze ans après », « Deuxième partie : comment re-construire la réalité », Satas, Coll. Le Germe, Bruxelles, 2009, et *Terapia cortada a la medida, un seminario ericksoniano con Jeffrey K. Zeig*, Alom Editores, S.A. de C.V., México, 1991.

6. Voir Robles Teresa, *La magie de nos masques*, Satas, Coll. Le Germe, Bruxelles, 2007, chapitres 2 et 3.

le signal que tout va bien, parce qu'elle fait partie d'un processus qui se poursuit le temps nécessaire, à chaque respiration.

Il très important de s'assurer que tout le monde va bien à la fin de l'exercice. Si les exercices de groupe font émerger des situations de vie compliquées chez certains participants, vous pouvez leur recommander de faire quelques séances individuelles pour les résoudre tout en continuant le travail dans le groupe.

À chaque séance, vous trouverez des références bibliographiques que vous pouvez consulter pour avoir une vision plus complète de la façon dont je traite un thème donné et de la théorie qui le sous-tend.

2. Introduction à la respiration, à la Sagesse Universelle et au processus de développement bénéfique

Présentation

Je propose de débuter la séance en demandant à chacun des participants de se présenter par son prénom. Ensuite, le coordinateur se présente et expose la façon dont va fonctionner le groupe, et ses règles : les horaires, le coût et les formes de paiement, les absences, qui dépendent des critères de chaque institution.

Introduction à la respiration[7]

Dans ce groupe, on va travailler en imaginant, en se souvenant, en ressentant des sensations agréables dans notre corps. Ce faisant, notre attention se tourne vers l'intérieur, mais reste connectée à l'extérieur, c'est pour cette raison que l'on dit que nous sommes dans un état amplifié de conscience. Et dans cet état, notre cerveau fonctionne de manière différente : c'est là qu'intervient la plasticité cérébrale qui nous permet de faire des changements rapides et durables.

De plus, ces exercices tirent une partie de leur puissance du fait que, selon la neurologie actuelle, pour notre cerveau, ce que nous imaginons

---

7. Voir Robles Teresa, « Votre respiration est en train de digérer… », dans *La magie de nos masques*, Satas, Coll. Le Germe, Bruxelles, 2007, pp. 39-46. Vous trouverez le texte d'une conversation hypnotique pour introduire la respiration comme mécanisme de changement dans Robles Teresa, *Réviser le passé pour construire l'avenir*, Satas, Coll. Le Germe, Bruxelles, 2005, pp. 20-22.

est plus fort que ce que la partie rationnelle de notre cerveau reconnaît comme réalité. Par exemple, il peut nous arriver de pleurer alors que nous sommes en train de regarder un film triste ou une scène de tendresse alors même que nous savons qu'il s'agit d'un film.

Dans ce groupe, nous allons faire appel au début à la volonté et à l'effort, mais pendant les exercices nous évitons d'utiliser la volonté en nous positionnant comme observateur de ce qui se produit dans notre esprit, dans notre corps. Nous utiliserons la respiration comme mécanisme de changement bénéfique qui résout ce qui apparaît dans notre esprit, dans notre corps, quand nous sommes en train de faire les exercices. La respiration s'auto-régule et s'ajuste, et c'est un mécanisme automatique et bénéfique. Comme nous respirons en permanence, le changement se poursuit au-delà de l'exercice, au-delà de la séance, pendant le temps nécessaire.

Introduction à la Sagesse Universelle

Pour Milton H. Erickson, le créateur de ces techniques, il y a dans notre inconscient toutes nos expériences de vie qui sont des ressources, des apprentissages, pour résoudre les difficultés qui surgissent dans la vie. C'est pourquoi, pour lui, l'inconscient était comme une Partie Sage.

Au Centre ericksonien de Mexico, nous allons plus loin. Savez-vous que de la même manière qu'il y a dans notre ADN toute l'information de l'individu, et c'est pourquoi on peut cloner une brebis à partir d'une cellule de sa mère, selon la physique quantique, toute l'information de l'univers se trouve dans chacune de ses parties ? Et comme vous êtes une partie de l'univers, toute l'information de l'univers est en vous, la même qu'il y a en moi. La même que dans une goutte d'eau ou dans la totalité de la mer... la même que dans le soleil, la lune, les étoiles et dans tout l'univers.

En moi, en vous, en tant que parties de l'univers, il y a l'information de tous les temps[8]. Et comme c'est la même dans toutes les parties, j'aime

8. Pour en savoir plus sur ce thème, voir *El universo como un holograma, ¿existe la realidad objetiva o es el universo un fatasma ?*, archivo bajado de World of Sai Baba, Internet, México, D.F., septembre 1998 (Traduction de Cinthia Orozco de Gortari). Et pour savoir comment ce thème s'intègre dans la thérapie, voir

l'appeler la Sagesse Universelle et cette Sagesse, toute l'information de l'univers dans chacune de ses parties, c'est pour moi comme la Force Créatrice, et elle est toute puissante. C'est mon Essence, ce qui est vraiment moi, et ce qui me fait l'égale de tous les êtres humains, de chacun des arbres de la forêt, de toute la forêt, du soleil, de la lune et des étoiles.

Demander : est-ce que vous voulez bien travailler avec la Sagesse Universelle et la considérer comme toute puissante ? Comment l'appelleriez-vous ?

Même si généralement tout le monde répond par l'affirmative, si une personne n'est pas d'accord, lui expliquer qu'il ne s'agit pas d'y croire mais de l'imaginer pour que notre cerveau le croie et nous aide à changer rapidement. L'utilisation de la Sagesse Universelle comme outil de changement est l'élément central de ce groupe.

Nous allons mettre ce travail qui commence entre ses mains, ainsi que chaque séance et chaque exercice que nous ferons.

Exercice pour réveiller la Sagesse Universelle et se mettre en contact avec elle[9]

Prends un moment pour t'installer confortablement et sens ta respiration qui est la vie, la vie saine. Sens l'air qui passe dans tes narines ou dans ta bouche dans un sens, dans l'autre, confortablement, de manière protégée. Ta respiration, c'est la vie en mouvement à l'intérieur de toi... Et au-delà de toi... Sens ta respiration en étant comme tu es là, en respirant naturellement, sans rien changer.

Ta respiration parvient à toutes les parties de toi, à toi dans ta totalité et, dans chacune de tes parties, il se fait ce qui doit se faire, de manière bénéfique, de manière protégée. Chaque fois que l'air entre et sort, de manière automatique, ta respiration atteint toutes les parties de toi, en

---

CORZO Iris, « Entretien avec Teresa Robles » in *La magie de nos masques*, Satas, Coll. Le Germe, Bruxelles, 2007, pp. 113-114.

9. Le tutoiement utilisé naturellement par l'auteur a été respecté ; c'est une autre façon de faire d'un langage général un langage spécifique, singulier (NdT).

nettoyant ce qu'il y a à nettoyer, en arrangeant ce qu'il y a à arranger, en digérant les émotions que tu as ravalées dans ton histoire, en soignant ce qu'il y a à soigner, confortablement, toujours de manière protégée.

Ta respiration parvient au plus profond de toi et te fait communiquer avec l'extérieur, avec les autres, avec ce groupe, avec l'univers et là, au plus profond de toi, elle atteint la Sagesse Universelle, et la réveille, et l'ampli ie, à chaque respiration.

Certaines personnes la perçoivent comme une couleur, ou une lumière, comme un soleil, une étoile, la mer, tout l'univers. D'autres la perçoivent comme un son agréable ou comme de l'énergie, comme de la force, une température agréable ou comme de l'énergie, comme de la force, une température agréable, une sensation de paix. Que tu la perçoives ou pas, peu importe, tu restes toi-même. Parle avec elle, demande-lui de prendre dans ses mains le travail de ce groupe et avec lui le travail de croissance et d'évolution de ta vie. Demande maintenant à la Sagesse Universelle absolue, au Tout, de s'unir avec la Sagesse Universelle que tu es et de maintenir toujours ce lien, en te protégeant, en t'aidant, et observe ce qui se passe.

Remercie-la et conclus un pacte avec elle : dis-lui que tu vas désirer de toutes tes forces ce qui est bon pour toi, pour ta famille, pour ton travail, pour cette planète, et que tu vas l'imaginer dans les moindres détails, et qu'elle fasse en sorte que ça se produise, par les chemins de son choix. À toi de lui promettre d'essayer ces chemins, de passer la tête aux portes qu'elle te présente, et de suivre seulement les chemins et de franchir seulement les portes qui te procurent de la joie, du bien-être et la paix intérieure.

Remercie-la encore une fois, dis-lui que tu te mets entre ses mains, fais une respiration profonde et, en gardant les sensations agréables que tu as maintenant, ouvre les yeux pour que nous commentions l'expérience.

Commentaires des participants sur ce qui s'est passé pendant l'exercice

Commentaires pour le coordinateur du groupe

Il est important de noter les commentaires, particulièrement les expressions métaphoriques pour y revenir à d'autres moments du travail du groupe.

Le développement bénéfique

Selon plusieurs auteurs, Milton H. Erickson, Carl Rogers, entre autres, nous avons tous une tendance naturelle à la croissance et au bien-être. Je suis d'accord. Mais s'il en est ainsi, pourquoi survient-il des problèmes ? En partie, parce que, nous dirait la Neurologie aujourd'hui, grâce à nos neurones miroirs, ce que font, ce que croient et ce que sentent les adultes de notre entourage pénètre au plus profond de nous ; mais aussi parce qu'avant que notre système neurologique ne soit mature et nous permette d'analyser l'information que nous recevons pour l'accepter ou la rejeter, nous absorbons comme des éponges tout ce qui nous parvient, et comme les deux processus sont inconscients, ces idées restent opérationnelles au titre de postulats de vie que nous ne remettons pas en question.

Beaucoup d'entre elles font obstacle à notre bien-être et deviennent ce que Robert Dilts appelle des croyances limitantes[10]. Pour moi personnellement, je crois qu'elles sont limitantes parce que nous ne les remettons pas en question, sans bien souvent nous rendre compte qu'elles nous font réagir sur le mode automatique. Alors que pour Robert Dilts les croyances qui gênent la croissance (dans la mesure où il pense que nous devons croître) seront toujours limitantes, pour moi elles cessent de l'être quand nous les reconnaissons, quand nous y réfléchissons pour finir par les accepter ou pas : nous y reviendrons quand nous aborderons les différents thèmes.

10. DILTS Robert, Las creencias, Urano, México, 1998. Voir aussi : Robert Dilts, Tim Hallbom, Suzy Smith, Croyances et santé, Desclée de Brouwer, 1996 (NdT).

Question : Qu'est-ce que c'est pour vous, un développement bénéfique ?

Après avoir laissé ceux qui le désirent faire un commentaire sur ce thème, le coordinateur peut donner son point de vue et, s'il le veut, tout aussi bien me citer.

Pour moi, Teresa Robles, et je crois pour beaucoup d'ericksoniens, *grandir sainement* c'est digérer les expériences de vie, apprendre de nos erreurs, développer de nouvelles habiletés, apprendre à ouvrir des portes, et essayer des chemins différents jusqu'à décider lequel a du cœur.

Les chemins qui ont du cœur sont ceux qui nous procurent de la joie et du bien-être à chaque pas[11] et c'est la raison pour laquelle nous avons le sentiment de leur appartenir autant qu'ils nous appartiennent. Ils se reconnaissent facilement, au plaisir que l'on y prend.

Exercice pour activer un développement bénéfique

Là où tu es en ce moment, et les yeux fermés, appelle ta Sagesse Universelle, mets ce travail entre ses mains et… réfléchis un moment à ce que nous venons d'expliquer : qu'est-ce que c'est un développement bénéfique ? (Répéter ce qui a été dit dans les commentaires en langage permissif : Est-ce telle ou telle chose… ou peut-être… ?) Observe ce que tu ressens, ce que ressent ton corps tandis que tu y penses. Sens ta respiration et observe comme de ces réflexions, de ces sensations et de ces émotions, émerge là, représenté sous une forme quelconque, le développement bénéfique, ce qui pour toi est un développement bénéfique.

Tu as déjà remarqué ce qui est apparu ? Ça finit toujours par apparaître. Ce peut être un souvenir, une image, une couleur, une idée, une sensation physique, ce peut être n'importe quoi, y compris de l'obscurité ou rien…

---

11. Don Juan, guérisseur indien, parle à Carlos Castaneda des chemins qui ont du cœur. Ce texte est cité et traité dans un contexte de développement in Robles *Concerto pour quatre hémisphères*, Satas, Coll. Le Germe, Bruxelles, 2009 pp. 88-89.

L'important, c'est que la première chose qui apparaît, c'est la bonne, ça représente le développement bénéfique. Observe ce qui apparaît dans tous ses détails et sens ta respiration qui l'atteint et va le renouveler de manière bénéfique, et va l'activer chaque fois que l'air passe par tes narines, dans un sens, dans l'autre, automatiquement.

Tu as déjà remarqué comme il est en train de se renouveler, comme il est en train de s'activer à chaque respiration ?

Maintenant, observe comment, sans que tu n'aies rien à faire, ta respiration le fait entrer en toi, comme il s'y installe, comme il prend sa place en toi, juste la place qui lui correspond, de manière confortable, de manière bénéfique.

Tu as déjà remarqué ce que ça fait de sentir que l'on ne fait qu'un avec le développement bénéfique ? Maintenant, le développement bénéfique et toi sont une même chose. Tu es en train d'apprendre à grandir sainement de l'intérieur, en harmonie avec toi et avec les autres.

Quand tu te rends compte que c'est en train de se produire parce que tu te sens confortable, ou parce qu'il apparaît une sensation agréable qui n'était pas là avant, ou qui était là avant et qui se fait plus précise, en gardant les sensations agréables que tu as maintenant, remercie la Sagesse Universelle de son aide, laisse le processus entre ses mains, fais une respiration profonde et ouvre les yeux pour commenter ce qui s'est passé.

Dorénavant, si tu as une difficulté, dis-lui : « Nous avons conclu un pacte, je fais ce qui est de mon ressort et tu t'occupes du reste. »

Commentaires des participants

Fin de la séance

Terminer en recommandant aux participants de discuter dans la semaine avec la Sagesse Universelle, de l'interroger sur leurs doutes, de mettre entre ses mains ce qu'ils font, de désirer de toutes leurs forces ce qu'ils veulent voir se produire et d'observer les portes et les chemins qu'elle leur montre, des portes et des chemins qu'ils n'auraient même pas pu imaginer. D'essayer et de suivre seulement ceux qui sont agréables à parcourir et leur procurent la joie et la paix et de toujours la remercier. De se dire, face aux difficultés : « Je fais ce qui est de mon ressort et tu t'occupes du reste. »

3. La responsabilité de notre bien-être

Introduction

Demander aux participants : Comment ont-ils passé la semaine ? Est-ce qu'ils se sont souvenus de quelque chose qui a été travaillé dans le groupe ? Ont-ils discuté avec leur Sagesse Universelle ?

Introduction du thème

L'une des choses qui nous empêche d'aller bien, c'est que nous sommes habitués à rejeter sur les autres la responsabilité de notre bien-être. Par exemple, nous nous sentons mal parce que quelqu'un ne nous aime pas, ou parce qu'on nous fait la tête ou parce que nous avons prévu d'aller au cinéma et que notre compagne ou compagnon arrive en retard, ou est triste, ou nous blesse par ses paroles.

Si nous dépendons des autres pour aller bien, ça pose problème. En premier lieu, parce que les autres sont nombreux, sont libres, et réagissent à une multitude de stimuli, ce qui fait que leur comportement et leurs sentiments sont imprévisibles.

En deuxième lieu, parce qu'ils agissent comme ils peuvent, pas même comme ils veulent.

Les autres sont comme ils sont, et face à cela, la seule chose que nous puissions faire est de nous en éloigner ou de nous en approcher selon qu'ils nous font nous sentir mal ou bien.

Au lieu de changer nous-mêmes, nous voulons éduquer les autres et il me semble, à moi Teresa Robles, que c'est un manque de respect. Qui sommes-nous pour dire ce que les autres doivent être ou doivent faire ? Et même si nous voulions les changer, NOUS NE POUVONS QUE NOUS TRANSFORMER NOUS-MÊME. Les gens ne changent pas parce que le voisin le veut, mais parce que quelque chose les gêne ou les incommode. Si nous continuons à dépendre des autres pour aller bien, il y a de fortes chances que nous allions mal la plupart du temps.

Cela ne veut pas dire que nous ne sommes pas affectés par ce qui arrive à ceux qui nous sont chers, que nous ne pouvons pas nous sentir proches d'eux, que nous ne pouvons pas les comprendre. Cela veut dire que nous comprenons « où eux finissent, et où moi, je commence ».

Introduction au rempart[12]

Tout comme nous avons tous une peau qui permet de voir clairement qu'en dedans d'elle c'est Moi, et qu'au-delà d'elle, c'est le non-Moi, nous avons tous besoin d'une limite mentale, émotionnelle, sociale, une espèce de rempart, qui définit clairement qu'en dedans d'elle c'est Moi, avec mes désirs, mes valeurs, mes émotions, mes rêves, et qu'au-delà d'elle, ce sont ceux des autres. Ce rempart fait clairement la distinction entre Moi et l'extérieur, mais il a besoin d'être en outre un rempart qui protège, dans le sens où il laisse à l'extérieur ce qui pourrait troubler notre bien-être si c'était dedans. Ce rempart, comme la peau, au lieu d'isoler, nous permet de communiquer avec le monde, il a des entrées et des sorties, des portes et des fenêtres qui laissent passer ce qui nous fait du bien et se ferment pour laisser l'extérieur ce qui pourrait nous faire du mal ou même rejeter à l'extérieur ce qui ne nous sert plus, comme de dioxyde de carbone, dont la place est à l'extérieur et qui troublerait notre santé s'il restait dedans. Comme la peau, ce rempart nous permet de toucher les autres de manière protégée, de les caresser, et permet qu'ils nous touchent.

Il y a des familles où l'on apprend à construire des remparts comme de véritables forteresses qui ne permettent pas de voir les autres, de s'in-

---

12. Vous trouverez l'explication théorique de cet exercice dans le livre de Teresa Robles, *La magie de nos masques*, Satas, Coll. Le Germe, Bruxelles, 2007, pp. 47-56.

former sur ce qui se passe à l'extérieur, et d'autres familles où c'est bien de ne pas avoir de remparts. Ce sont les familles où tout le monde pleure dans le même mouchoir, où les uns parlent pour les autres, de sorte que quand on demande à quelqu'un comment il va, c'est souvent la mère ou le mari qui répond et la personne interrogée acquiesce. Il arrive aussi parfois que des situations de vie difficiles ouvrent des brèches dans notre rempart.

Exercice pour rénover notre rempart

Là où tu es, ferme les yeux et observe comment se présente ton rempart en ce moment ? Comment l'imagines-tu ? Quelle sorte de rempart est-ce là ? De quel matériau est-il fait ? Quelle est sa hauteur ?

Pendant que tu es en train de l'observer, mets ce travail dans les mains de ta Sagesse Universelle.

Tu as déjà remarqué comment se présente ton rempart ? Est-ce qu'il t'entoure complètement ? Est-ce que tu t'y sens confortable à l'intérieur ?

Rappelle-toi que ta respiration est le principal outil avec lequel travaille la Sagesse Universelle et qu'à partir de maintenant, sans que tu n'aies rien à faire à part le désirer, elle arrange ce qu'il y a à arranger dans ce rempart pour que tu t'y sentes bien à l'intérieur et pour que ce soit un rempart qui te serve et te protège vraiment.

Si tu le veux, dorénavant, ta respiration va continuer à refaçonner ton rempart, le renforcer, le rénover de manière bénéfique, en l'adaptant à chaque situation et à chaque moment de vie. Observe, il y a peut-être une bonne porte que tu peux ouvrir et fermer par ton seul désir chaque fois que tu en as besoin.

Et, en même temps, ta respiration est en train de faire d'autres travaux pour toi. Ta respiration fait entrer, de manière protégée, de manière automatique, toutes ces parties de toi qui, pour une quelconque raison, étaient restées à l'extérieur, et fait sortir de manière protégée toutes ces parties qui sont des Non-Toi et qui, pour une raison quelconque, se trouvaient à l'intérieur. Elle les aide à sortir de manière protégée et à trouver leur place à l'extérieur, la place qui leur correspond en harmonie avec toi.

Observe comme à chaque respiration, à l'intérieur, les différentes parties de toi se regardent, se connaissent, se reconnaissent, se mettent à communiquer, à apprendre les unes des autres, à collaborer toutes ensemble, comme une équipe, d'une manière bénéfique pour ton bien-être. Et, entre elles toutes, elles sont en train d'arranger là, à l'intérieur, ce qu'elles ont besoin d'arranger, en nettoyant, en adaptant, en mettant chaque chose à sa place et elles vont rejeter à l'extérieur, à chaque respi-ration, ce qui ne sert plus à rien dedans.

Ce rempart montre clairement que de lui vers l'intérieur, tu es Toi, et que de lui vers l'extérieur c'est Non-Toi, et qu'il y a là à l'intérieur toutes tes expériences de vie, tout ce que tu as vécu depuis que tu es né, et peut-être avant ta naissance. Et ta respiration est en train de digérer ces expériences de vie et te nourrit de ce qui te fait du bien, et rejette à l'extérieur ce qui pourrait troubler ton bien-être, de manière bénéfique, confortable, protégée, à chaque respiration.

Reste un moment à observer comment tout cela se déroule, et ensuite, en gardant les sensations agréables que tu as maintenant, laisse ton rempart et ce processus de croissance et d'évolution de la vie aux mains de la Sagesse Universelle, remercie-la, fais une respiration profonde et ouvre les yeux, parce que c'est un processus de progression qui a déjà commencé et qui se poursuit aux mains de la Sagesse Universelle, tout le temps nécessaire, de manière automatique, à chaque respiration.

Commentaires des participants

Commentaires au coordinateur de groupe

Suggérer que le rempart de chacun continue tout le temps de s'améliorer, de se rénover à chaque respiration, de s'adapter aux différentes situations de vie. Il est possible qu'à un certain moment le rempart se présente comme une haie d'arbustes, mais qu'à un autre moment il ait besoin d'être en pierres et très haut. Ils peuvent s'en souvenir quand ils pensent en avoir besoin.

Dans les premières séances, il est très important de rappeler aux participants que quoi qu'il se passe, c'est bien, aussi étrange que ça paraisse, pourvu qu'ils se sentent confortables ; qu'ils évitent de faire des efforts et qu'ils se contentent d'observer comment leur respiration continue le travail.

Si une personne n'arrive pas à visualiser ou à ressentir son rempart, ni à retrouver un rempart connu, lui demander lequel parmi les remparts décrits par ses camarades lui conviendrait.

Dans les exercices suivants, il est important de répéter cette procédure chaque fois qu'une situation similaire se présente.

Retour sur le thème de la responsabilité de notre bien-être[13]

La responsabilité de notre bien-être ne relève pas des autres, mais de nous-même. Depuis tout petits, on nous apprend à rejeter cette responsabilité sur le monde extérieur. Nous avons cru que si papa et maman nous aimaient comme on aime des enfants gentils et sages, nous ne manquerions de rien. Mais il se trouve qu'un enfant normal est très différent de ce qu'on attend des enfants gentils et sages, il court, il crie, il se salit, et parfois il pique de grosses colères.

Et comme nous avons été des enfants comme tous les enfants, nous avons grandi en croyant que nous n'avons pas fait suffisamment d'efforts pour arriver à être aimés de cet amour absolu, inconditionnel dont on aime les enfants sages, nous avons appris à cacher nos fautes, à nous sentir coupables d'éprouver les émotions que nous croyions mauvaises ou de ne pouvoir suffisamment contrôler les « bonnes ». Nous avons appris à nous croire coupables de ressentir notre corps, d'en tirer plaisir, de vivre, d'être.

13. Cecilia Garcia Barrios m'a suggéré d'ajouter que le Vous adulte accompagne les autres Vous qui en ont besoin, à des moments de leur histoire où il peut apporter son soutien. Ce texte et l'exercice qui suivent constituent une partie du matériel audio (cassettes et CD) de Teresa Robles intitulé *Pour que tu t'aimes, toi, juste comme tu en as besoin*, Satas, Bruxelles.

Mais, en in de compte, cet amour inconditionnel que nous cherchons d'abord chez les parents, puis chez les enseignants, dans le couple et finalement chez les enfants, n'existe pas. Il n'existe pas dans le monde extérieur, parce que personne ne sait vraiment comment nous avons besoin d'être aimés et, en outre, chacun aime comme il peut, comme ça vient, et pas comme il aimerait aimer.

La seule personne à savoir exactement comment nous avons besoin d'être aimés, c'est nous-même. Et nous pouvons nous donner nous-même cet amour absolu et nous allons le faire MAINTENANT, parce que si nous sommes déjà remplis d'amour et que quelqu'un arrive en retard ou nous fait la tête, il nous sera plus facile de comprendre qu'il fait ce qu'il peut, nous le considérerons avec du recul parce que nous serons pleins d'amour envers nous et ainsi, que les autres nous aiment devient maintenant un plus, un cadeau de la vie que nous pouvons savourer.

Exercice pour apprendre à s'aimer de façon inconditionnelle

Ferme les yeux, mets ce travail dans les mains de la Sagesse Universelle et imagine que tu te tiens toi-même dans tes bras, nouveau-né, puis sur tes jambes, à quelques mois… et là, à côté, âgé à peu près d'un an, à cet instant où tu te prépares à marcher et à explorer le monde… Imagine-toi, à tes côtés, toi à tous les âges, depuis tout bébé jusqu'à ton âge actuel, jusqu'à te voir comme un homme ou une femme plus âgé, fort, plein de sagesse et de paix intérieure, très satisfait d'avoir vécu comme il a vécu, de tout ce qu'il a surmonté pour grandir.

Présente-toi à ces autres toi-même. Dis-leur JE SUIS (énonce tous tes noms), JE SUIS vous tous, et raconte-leur comment tu as passé, comment ils ont passé tant d'années à chercher un amour que les autres ne pouvaient pas te donner, sans savoir que cet Amour que tu cherchais était en toi. Mais dis-leur que c'en est déjà fini avec ça parce que tu vas main-tenant leur donner cet amour qu'ils cherchaient depuis toujours. C'en est fini d'exiger ou de mendier de l'amour. Et tu vas aussi les remercier d'avoir bien fait les choses, d'avoir tant cherché.

Répète-leur si tu veux à voix haute, si tu préfères en toi-même, ce que je vais te dire, si tu es un homme au masculin, si tu es une femme au féminin : Je Suis (ton nom complet), je suis vous tous, et au nom de celui que Je Suis, je vous promets, je me promets, de m'aimer toujours, absolument et sans condition, tel que je suis, dans ma totalité, avec ce qui me plaît et ce qui me déplaît de moi, avec mes qualités et mes défauts, avec mes succès et mes erreurs qui m'ont fait grandir.

Je me promets de m'aimer toujours, absolument et sans condition, quoi que je fasse ou que je ne fasse pas. Je me promets de m'aimer toujours, absolument et sans condition, quoi qu'il se passe, quoi qu'il arrive, quoi que fassent les autres, quoi qu'ils disent, quoi qu'ils pensent, et je reconnais qu'à chaque instant de ma vie j'ai fait du mieux que j'ai pu. Et je m'en félicite.

Et maintenant, donne-toi cet amour que tu viens de te promettre. Embrasse-toi à tous les âges, couche-toi, caresse-toi, en te donnant enfin cet amour que tu as si longtemps espéré. Tu es en train d'apprendre à t'aimer, toi, absolument et sans condition, au-delà de ce que disent ou font les autres, au-delà de ce qui se passe. Tu es en train d'apprendre à recevoir l'amour de toi envers toi.

Sens comme cet amour jaillit de toi, de ton cœur, de toi dans ta totalité, sens-le dans ta peau et à l'intérieur de toi, et prends plaisir à te donner et à recevoir enfin cet amour tant désiré, tant espéré.

Maintenant accompagne-toi à ces âges où tu avais besoin de davantage d'amour, ou de soutien, ou de protection, et accompagne-toi à ces âges de ton histoire où tu avais besoin de toi, de toi adulte, pour te protéger, pour éviter quelque chose, pour t'accompagner, ou quoi que ce soit d'autre. Reste avec ces toi-là le temps nécessaire pendant qu'une autre partie de toi continue à donner cet amour, cette reconnaissance à tous les autres toi.

Maintenant invite-les à entrer en toi de manière protégée, grâce à ta respiration, de manière bénéfique, de manière protégée, à s'installer en toi, à chaque respiration, à prendre leur place en toi, à remplir tous tes vides, tous tes creux, à te remplir, pour qu'ils continuent à t'aimer, à t'accompagner de l'intérieur, et tu continues à les protéger, à les serrer dans tes bras, tout le temps, à partir de maintenant et pour toujours.

Quand tu le voudras, en gardant les sensations agréables que tu as maintenant, laisse ce travail dans les mains de ta Sagesse Universelle, fais une respiration profonde et ouvre les yeux. Tu sais que tu peux recommencer à te serrer dans tes bras, et t'aimer toujours comme tu le veux. Mais rappelle-toi que tu t'es déjà promis de t'aimer d'un amour absolu et sans condition.

Commentaires des participants

Commentaires au coordinateur du groupe

Leur recommander de se souvenir de leur rempart chaque fois qu'ils en ont besoin pour prendre conscience que les paroles ou les actes de l'autre appartiennent à l'autre et, plus tard, dans leur lit, le soir, avant de dormir ou quand ils en ressentent le besoin, de se prendre à nouveau dans les bras, se caresser, se donner cet amour qu'ils se sont promis.

Un autre exercice pourrait compléter ce travail ; il s'agit de « J'apprends à voir les chemins des autres et à les essayer » dans Robles Teresa, *Réviser le passé pour construire l'avenir*, Satas, Coll. Le Germe, Bruxelles, 2005, pp. 53-56.

On ne l'a pas intégré au texte, car il s'agit d'un groupe censé travailler maximum quatorze heures.

4. Les blessures : celles qui nous sont propres ou celles dont on a hérité[14]

Introduction

Demander : Comment vont-ils ? Ont-ils discuté avec leur Sagesse Universelle ? Se sont-ils souvenus du rempart ? L'ont-ils utilisé ? A-t-il changé ou est-il le même ? Ils peuvent fermer les yeux un moment pour regarder et observer comment se présente leur rempart en ce moment. Se sont-ils redonné de l'amour ?

Introduction au travail avec les blessures[15]

Nous souffrons tous de blessures au cours de notre vie et, en général, toutes les blessures cicatrisent si on les laisse cicatriser. Les yeux fermés, appelez votre Sagesse Universelle et demandez-lui, sans avoir à vous souvenir de quoi que ce soit, de manière confortable, de vous aider à cicatriser vos blessures, ces blessures qui nous font tous souffrir dans notre vie, vous, moi, nous tous. Toutes les blessures cicatrisent si on les laisse cicatriser, mais parfois ces blessures nous font peur. Alors, on les recouvre pour ne pas les voir et l'on croit que de cette façon, tout est arrangé. Et on est tranquille pour un temps. Mais les blessures restent ouvertes en attendant d'être soignées.

---

14. C'est l'un des thèmes universels que je travaille pratiquement toujours avec les personnes qui me consultent. L'hypothèse des blessures héritées est de Rafaël Núñez, j'ai mis au point la façon de les travailler. En prenant connaissance par Cecilia Fabre du fonctionnement des constellations familiales, il m'a paru important d'honorer nos ancêtres et de les remercier de la vie.

15. Cet exercice et son introduction font partie d'un enregistrement audio de Teresa Robles intitulé *Récupère ta force de vie*, Satas, Bruxelles.

Parfois, ce sont des blessures grandes et profondes, d'autres fois, petites mais nombreuses ! Alors que certaines blessures commencent à se fermer, d'autres peuvent se former par-dessus. Le problème quand on garde des blessures ouvertes, c'est qu'elles continuent à faire mal. Elles continuent à nous épuiser. On perd alors de la force et de l'énergie, et on s'affaiblit. Sans compter qu'elles peuvent s'infecter.

Je vous invite à laisser votre Sagesse Universelle cicatriser ces blessures grâce à votre respiration. Il y a des personnes qui veulent garder leurs blessures ouvertes pour se souvenir de ce qu'on leur a fait et pour éviter que cela se reproduise ; cela me paraît peu pratique, il est préférable de se souvenir, de prendre soin de soi et de se protéger, en regardant les cicatrices, mais sans la douleur. Pourvu que vous décidiez de laisser votre respiration cicatriser vos blessures, de manière protégée, de manière automatique.

Et toutes les blessures cicatrisent si on les laisse cicatriser. Pour qu'elles cicatrisent, il est important de les laisser à l'air libre et de les nettoyer et de les soigner de la façon la plus protégée possible, en évitant de se faire mal.

Et les blessures de l'âme, les blessures du cœur, les blessures des émotions, peuvent cicatriser même si elles sont recouvertes, parce que votre respiration qui parvient à la totalité de votre corps, à toutes les parties de vous, atteint les blessures aussi profondes, aussi cachées ou recouvertes soient-elles, et va les cicatriser. Pour commencer ou poursuivre ces processus de cicatrisation, il suffit d'en avoir le désir ou l'intention. Votre Sagesse Universelle fait le reste par le biais de votre respiration.

Et tout cela se déroule confortablement, de manière bénéfique, parce qu'il ne s'agit absolument pas d'y mettre le doigt et de se faire mal. Il ne s'agit pas de se mettre à arracher les petites croûtes. Il s'agit de les nettoyer, de les soigner et de leur permettre de cicatriser.

Toutes les blessures cicatrisent si on les laisse cicatriser, et quand elles finissent par cicatriser, elles deviennent des souvenirs, mais des souvenirs indolores, de ces mauvais moments qui sont déjà passés.

Nous allons, si vous le voulez bien, travailler avec vos blessures.

Exercice pour soigner nos blessures

Là où tu es, de manière confortable, de manière protégée, commence par appeler cette Sagesse Universelle qui est la tienne, en lui répétant en toi-même ou à voix haute, JE SUIS LA SAGESSE UNIVERSELLE, JE SUIS LA SAGESSE UNIVERSELLE, JE SUIS MOI, EN TRAIN DE SOIGNER MES BLESSURES. Et demande à la SAGESSE UNIVERSELLE de prendre ce travail entre ses mains.

Et les yeux fermés, sans avoir à te souvenir de choses concrètes, observe seulement, imagine comment se présentent les blessures qui t'ont fait souffrir tout au long de ta vie ? Comment les imagines-tu ? Comme des coupures ? Comme des déchirures ? Comme des bleus dus à des coups ? Comme des plaies ? Ou des ulcères ? Elles sont de quelle sorte et dans quel état ? Sont-elles ouvertes ? Ont-elles commencé à cicatriser ? Peut-être y en a-t-il qui saignent encore ? Y en aurait-il une infectée ?

Comment les imagines-tu ? Observe, et tu les perçois peut-être comme des images, ou elles restent peut-être des idées. Imagine comment elles sont et dans quel état elles se trouvent. Rappelle-toi que toutes, les petites et les grandes, aussi terribles qu'elles paraissent, toutes les blessures cicatrisent si on les laisse cicatriser, et si on arrête de les gratter et d'arracher la croûte.

La façon la plus simple de cicatriser tes blessures est de te contenter d'observer. Reste là à les observer, ainsi que tu les imagines. Tu peux les imaginer, si tu veux, extérieures à ton corps, ou dans n'importe quel autre endroit.

Observe-les de l'extérieur, de manière confortable, comme si tu étais en train de les voir dans un film, à distance. Un film qui peut être flou si c'est plus confortable pour toi. Ou pense à elles et sens ta respiration, sens comme l'air passe dans tes narines ou dans ta bouche, dans un sens, dans l'autre, de manière automatique, toujours de manière bénéfique, et laisse ta respiration qui atteint la totalité de ton corps, toutes les parties de toi, toi dans ta totalité, parvenir jusqu'à ces blessures, où qu'elles soient recouvertes ou à l'air libre. Et là où elles sont, en les laissant recouvertes si elles sont recouvertes, en les laissant là où elles sont, tout doucement, avec beaucoup de soin, ta respiration est en train de les cicatriser.

Toutes les blessures cicatrisent si on les laisse cicatriser et ta respiration est en train de cicatriser ces blessures, de manière confortable, protégée, bénéfique, à chaque respiration, de manière automatique, en train de cicatriser. Et quand les blessures sont déjà cicatrisées, elles deviennent des souvenirs, mais des souvenirs indolores, de ces mauvais moments. Elles te rappellent que tu as survécu, que tu t'es renforcé grâce à elles, et tu peux apprendre d'elles pour éviter que cela se reproduise.

Tu as déjà remarqué comme elles sont en train de cicatriser ? Peut-être que tu peux le remarquer, peut-être pas, mais elles cicatrisent toujours. Je suis sûre que tu pourras te rendre compte de la façon dont tes blessures se sont déjà améliorées plus tôt que tu ne l'espères.

Demander à tous, l'un après l'autre, s'ils se sont déjà rendu compte de la façon dont elles vont cicatriser, si tout va bien, et si ce n'est pas le cas pour l'un d'entre eux, l'aider, grâce à la respiration de tout le groupe, afin que ses blessures s'apaisent, et étiqueter ce qui se passe comme faisant partie du processus de guérison.

Et comme elles sont déjà en train de cicatriser, si tu veux, prends un moment pour sentir ta respiration en te souvenant, dans les moindres détails, de moments réels ou souhaités, où tu te sens comme tu aimes te sentir, où tu vis comme tu aimes vivre, où tu prends plaisir à la vie, parce que tes blessures sont déjà cicatrisées et que tu as déjà appris à cicatriser de manière automatique quelle que soit la nouvelle blessure qui apparaîtrait par là.

Reconstruis ce moment dans tous ses détails, observe : Quelle heure est-il du jour ou de la nuit ? Es-tu seul ou en compagnie ? Retrouve les couleurs, les formes, la température de cette atmosphère sur ta peau, écoute les bruits et le silence, et observe comme tu te sens bien avec tes blessures déjà cicatrisées, en vivant comme tu aimes vivre, en prenant plaisir à la vie, et là où tu es, sens ta respiration dans ses moindres détails, en vivant, en ressentant, de manière bénéfique, protégée, et reste là un moment en y prenant plaisir.

Laisse ce processus aux mains de ta Sagesse Universelle, remercie-la de son aide, fais une respiration profonde, et en gardant les sensations agréables que tu as maintenant, ouvre les yeux pour commenter l'expérience de guérison que tu viens de vivre.

Commentaire au coordinateur de groupe

Si vous avez déjà travaillé avec les techniques ericksoniennes et que vous préférez faire cet exercice avec vos propres mots, je vous suggère de le commencer en rappelant que « toutes les blessures cicatrisent si on les laisse cicatriser » et d'utiliser plusieurs fois les formules de protection : *de manière confortable, de manière protégée.*

Introduction du thème des blessures dont on a hérité

En plus de nos blessures personnelles qui nous font souffrir tout au long de la vie, les blessures de nos parents, de nos ancêtres, de notre peuple nous font aussi souffrir. Si ma mère souffre et qu'elle en devient dépressive, ses blessures m'affectent parce qu'il lui est alors difficile d'être proche de moi, d'être affectueuse.

Ceux qui ont vécu la guerre ont des difficultés pour transmettre à leurs enfants la confiance en la vie et le droit d'aller bien.

Il est parfois difficile d'apprécier pleinement ce que nous avons quand des personnes qui nous sont chères dans notre entourage vont mal ou souffrent depuis toujours.

Il est fréquent d'éprouver du ressentiment envers ses parents parce qu'ils n'ont pas été les parents que nous aurions voulu avoir : ils ont fait ce qu'ils ont pu. Eux aussi ont leurs propres blessures.

Demander au groupe d'autres exemples sur la façon dont nous sommes affectés par les blessures des autres.

Mais si je contiens toute l'information de l'univers, je suis affectée d'une façon ou d'une autre par la douleur, qui fait partie de cette information, des blessures toujours ouvertes de toute l'humanité depuis la nuit des temps, et encore davantage affectée par celle des groupes de proches auxquels j'appartiens.

Ainsi, pendant que nos propres blessures sont en train de cicatriser, nous allons travailler avec celles dont on a hérité.

Exercice avec les blessures dont on a hérité

Les yeux fermés, demande à ta Sagesse Universelle de nous aider à soigner les blessures de tes parents, de tes grands-parents, des gens que tu aimes autour de toi, de notre peuple et de toute l'humanité de tous les temps.

Observe maintenant toutes ces personnes : celles que tu aimes, celles que tu connais et celles que tu ne connais pas, qui ont des blessures qui, jusqu'à maintenant et de différentes manières, t'ont fait souffrir toi.

Explique-leur que nous souffrons tous de blessures dans la vie, que toutes les blessures cicatrisent si on les laisse cicatriser, et que ce n'est pas la peine de les recouvrir ou de les gratter sans cesse.

Raconte-leur qu'ils ont eux aussi une Sagesse Universelle, toute puissante. Demande à la Sagesse Universelle que tu es d'appeler les Sagesses Universelles qu'ils sont eux aussi. Apprends-leur comment ils peuvent laisser les blessures aux mains de leur Sagesse Universelle et les guérir avec leur respiration pour qu'elles arrêtent de vous faire souffrir, eux et toi. Invite-les, accompagnés de leur Sagesse Universelle, à se rendre au moment de leur mort et à laisser dans leur corps toutes les douleurs, les maladies, les émotions, les souffrances, tout ce qui les a fait souffrir, et à sortir de leur corps en y laissant tout ça. Ils t'écoutent ? Ils le font ? Si c'est le cas, laisse-les aux mains de leur Sagesse Universelle, dis-leur que tout va bien se passer.

Mais si certains, vivants ou morts, ne veulent pas les cicatriser, disleur : « Maintenant, vous savez comment soigner vos blessures, si vous ne voulez pas le faire, je vous préviens que je vais vivre ma vie en y prenant plaisir, de manière bénéfique, librement, même si vous, vous ne le faites pas. »

Pendant un moment, appelle, au cœur de cette multitude, tes parents, tes grands-parents, tes arrière-grands-parents, tous tes ancêtres, et quand ils sont là, dis-leur : « Je Suis (énonce ton nom complet). C'est de vous que je viens. Je vous honore parce que vous êtes mes ancêtres et je vous remercie pour m'avoir donné la vie. En même temps que la vie, vous m'avez donné des valeurs, des connaissances, des croyances, des coutumes, une éducation, encore une fois merci. Mais je voudrais vous dire qu'aujourd'hui je prends de tout ça seulement ce qui est bon pour moi, ce qui m'aide à être heureux et je vous rends ce que je ne veux pas qui fasse partie de ma vie ou qui ne me correspond pas. Si ça vous a empêchés d'être heureux ou si ça vous a fait souffrir, ceux déjà morts peuvent le laisser dans leur corps au moment de mourir ou le remettre à la Sagesse Universelle. Ceux toujours vivants peuvent aussi le confier à leur Sagesse Universelle une bonne fois pour toutes. Mille mercis pour la vie. Vous avez tous mon respect. »

Laisse-les tous aux mains de leur Sagesse Universelle, remercie-toi pour ce travail et quand tu le veux, tu peux faire une respiration différente ou t'étirer un peu puis ouvrir les yeux.

Demander à chacun, l'un après l'autre, si tout va bien.

Commentaires des participants

Commentaires au coordinateur de groupe

Vérifier si tout le monde va bien, et si ce n'était pas le cas, demander à tout le groupe d'aider cette personne avec leur respiration. Suggérer que quand les blessures sont déjà cicatrisées, on peut apprendre des cicatrices, mais maintenant sans douleur.

5. Mes difficultés dans mes relations avec les autres

Introduction

Leur demander comment s'est passée la semaine et comment ils ont continué à soigner leurs blessures depuis la séance précédente. Ils peuvent fermer les yeux un moment pour le vérifier, ou le percevoir les yeux ouverts. Qu'ils sentent leur respiration et observent comment elles continuent de guérir, encore d'avantage.

Leur demander de jeter un coup d'œil à leur rempart, pour voir comment il s'est amélioré, peut-être en se complétant, peut-être en se restaurant de manière bénéfique à chaque respiration, peut-être simplement en se décorant pour être chaque fois plus agréable.

Leur demander s'ils ont discuté avec leur Sagesse Universelle, leur rappeler tout ce qui les a aidés dans ce groupe. Les inviter à travailler en équipe avec elle, en lui remettant ce qui les gêne, par exemple, et, quand ils ont besoin de quelque chose, lui dire : « je fais ce qui est de mon ressort et tu t'occupes du reste ». Ils vont très vite se rendre compte de tout ce qu'elle fait pour eux.

Introduction au thème des difficultés dans nos relations

Dans cette société, on nous apprend à lutter pour occuper seul la place qui est bien. Nous apprenons à rivaliser au lieu de collaborer, à nous diviser, nous apprenons à nous méfier. On dit du mal des hommes aux femmes, et on dit du mal des femmes aux hommes, comme si c'était de véritables ennemis ou des êtres à dominer ou à manipuler. C'est ainsi qu'on développe des difficultés dans ses relations avec les autres.

Nous avons appris ces difficultés, de manière non consciente, de nos parents, par le biais de nos neurones miroirs et en absorbant à la manière des éponges ce que notre système nerveux ne nous permet pas encore d'analyser et d'accepter ou de rejeter.

Les choses se sont compliquées au travers des relations avec nos frères et sœurs, avec nos grands-pères et grands-mères, selon les critères autorisés et les costumes dont on nous a affublés (nous en reparlerons plus tard).

En réalité, en grandissant comme nous grandissons dans cette société, dont il me plaît à dire qu'elle fonctionne à l'envers de ce qu'elle est naturellement, nous avons tous des difficultés dans nos relations avec les autres. Et ce difficultés vont changer au fur et à mesure qu'on va les surmonter. Par exemple, on essaie parfois de faire plaisir pour être aimé, et ensuite, quand on essaie d'arrêter de plaire et de tenir compte de ses propres émotions, c'est pris pour de l'agressivité.

On résout un type de difficultés et il en apparaît de nouvelles, qui sont des occasions de grandir.

Chaque fois que l'on résout des difficultés, on les transforme en facilités, en façons nouvelles et différentes d'établir des relations avec les autres.

C'est comme si l'on enlevait une couche à un oignon. Nous n'avons qu'à continuer à enlever des couches jusqu'à ce qu'il ne reste rien.

Inviter les participants à donner des exemples de différents types de difficultés.

Nous allons travailler maintenant avec ces difficultés.

Exercice : mes difficultés dans mes relations avec les autres

Les yeux fermés, là où tu es, installe-toi confortablement à l'intérieur de ton rempart et mets ce travail entre les mains de ta Sagesse Universelle.

Pense un moment à ce dont nous parlions il y a quelques instants, sur les difficultés dans la relation aux autres. Quels souvenirs a évoqués cette conversation ? Quelles émotions ? Tu les sens maintenant ? Quelles sensations physiques as-tu dans le corps ?

Sens ta respiration et observe comment, sans que tu n'aies rien à faire, ta respiration va mélanger, remuer, intégrer, tes pensées, tes souvenirs, tes émotions et tes sensations, parce que tous ont à voir avec ces difficultés dans ta relation aux autres qui commencent maintenant à se résoudre…

Observe de manière confortable, protégée, comme émerge là de ce méli-mélo quelque chose qui représente et qui est la difficulté, les difficultés, que tu avais jusqu'à maintenant dans ta relation aux autres.

Et pendant que tu observes de manière protégée ce qui est apparu, ta respiration est en train de travailler de différentes façons pour toi. Ta respiration cherche et trouve dans toute ton histoire, tout ce qui a causé, tout ce qui a fait grandir et tout ce qui a maintenu jusqu'à maintenant tes difficultés dans ta relation aux autres. Elle le trouve et le sort de ton histoire en la nettoyant.

Et pendant que ton histoire se libère de tout ça, ta respiration est en train de digérer tout ce qui est sorti, elle est en train de digérer ce qui est apparu, et en le digérant, les difficultés se transforment en facilités, en de nouvelles façons, différentes, bénéfiques, de te relier désormais avec les autres.

Et tu t'aperçois que cela s'est déjà produit peut-être parce que l'image change, peut-être qu'elle disparaît ou peut-être qu'elle reste la même, mais c'est toi maintenant qui te sens différent.

Observe bien, il est possible que ta respiration te montre comment tu te vois maintenant dans ces mêmes situations où, avant, tu avais des difficultés. Tu t'y vois déjà ? Restes-y un moment à observer, à ressentir ce que tu es en train de faire, comment tu le vis maintenant qu'a déjà changé en toi ce qu'il était nécessaire de changer.

Mais ce qui t'indique le plus clairement que les difficultés se sont déjà transformées en facilités, c'est que tu te sens bien ou qu'il est au moins apparu dans ton corps une sensation agréable qui n'était pas là avant, ou qui y était déjà et qui se fait plus présente.

L'important, c'est que toute la force et l'énergie qui produisaient avant des difficultés, sont maintenant utilisées à construire des facilités, des façons nouvelles, différentes, bénéfiques, de te relier avec les autres, de manière protégée.

Laisse ce processus, qui se déroule automatiquement chaque fois que tu respires, tant que c'est nécessaire, aux mains de ta Sagesse Universelle et, quand tu le veux, fais une respiration profonde et en gardant les sensations agréables que tu as maintenant, ouvre les yeux.

Commentaires des participants

Commentaires au coordinateur de groupe

Outre le fait de partager des images et des expériences, il est important de répéter aux participants la façon dont nous savons que le changement a déjà eu lieu : « *Et tu t'aperçois que cela s'est déjà produit peut-être parce que l'image change, peut-être qu'elle disparaît ou peut-être qu'elle reste la même, mais c'est toi maintenant qui te sens différent. Mais ce qui t'indique le plus clairement que les difficultés se sont déjà transformées en facilités, c'est que tu te sens bien ou qu'il est au moins apparu dans ton corps une sensation agréable qui n'était pas là avant, ou qui y était déjà et qui se fait plus présente.* »

Introduction aux difficultés dans mes relations avec les hommes et avec les femmes

Certains parmi vous diraient peut-être qu'ils n'ont aucun problème pour établir des relations, ni avec les hommes, ni avec les femmes. Quel bonheur qu'il en soit ainsi !

Cependant, comme nous allons le voir, nous baignons tous dans un océan de messages négatifs qui flottent autour de nous et qui peuvent nous influencer. Et comme ce groupe a été conçu comme un service d'intérêt général pour tous, il n'est pas superflu que nous traitions tous ce thème.

Si vous sentez que vos relations avec les hommes, avec les femmes, avec vous-même en tant qu'homme, avec vous-même en tant que femme, vont bien, aidez-nous tous avec vos commentaires à clarifier nos attitudes, nos émotions et nos réactions.

Nous apprenons à établir des relations avec les hommes surtout à partir de notre relation à notre père, ou à partir de son absence, mais également à partir de la relation que notre mère avait avec lui. En général, les relations avec tous les hommes significatifs de notre famille ou l'absence d'hommes dans notre famille, contribuent à cette difficulté ou à cette facilité, ainsi que la représentation qu'en avaient toutes les femmes de la famille.

Par exemple, dans des familles de femmes composées de la grand-mère, de la mère et des filles, dans lesquelles il n'y a ni grand-père, ni père, ni frères, il y a de fortes chances que les hommes soient perçus comme ceux qui finissent toujours par abandonner et s'en aller, ou comme des bons à rien dont les femmes fortes n'ont pas besoin. Si ce n'est pas le cas, il manque de toute façon à ces femmes qui grandissent dans de telles familles l'expérience des relations avec les hommes. Quand les filles de ces familles devenues grandes commencent à fréquenter des garçons, elle les verront probablement de l'une ou l'autre de ces façons et auront plus de difficultés que d'autres pour s'engager avec eux et maintenir une relation.

Il est possible aussi que ces femmes développent une si grande loyauté entre elles, une loyauté quasi indispensable pour survivre dans un monde difficile, que leurs relations laissent peu d'espace pour que d'autres puissent y prendre place. Nous apprenons à établir des relations avec les femmes surtout à partir de la relation à notre mère, mais également à partir de la relation de notre père avec elle. En général, les relations avec toutes les femmes significatives de notre famille ou l'absence de femmes dans notre famille, contribuent à cette difficulté ou à cette facilité, ainsi que la représentation qu'en avaient tous les hommes de la famille.

Demander aux participants de faire des commentaires sur les types différents de difficultés qu'ils ont pu observer avec les hommes et avec les femmes de leur entourage.
Préciser que souvent la difficulté peut ne pas être aussi évidente, ou ne pas être consciente, mais il n'est pas inutile de travailler avec elle vu que ceci est un groupe censé nous rendre un « service d'intérêt général ».

Et les relations avec les hommes et avec les femmes sont influencées par les croyances limitantes que nous avons au sujet des uns et des autres, qui confortent ce qui est connu comme les problèmes de genre. En rédigeant ce texte, par exemple, j'ai été sur le point, à plusieurs reprises, d'écrire : « Le sexe opposé ». Cette expression nous procure une sensation de distance et, naturellement, d'opposition.

Nous trouvons, dans notre langage quotidien, des affirmations issues de croyances limitantes, comme par exemple : « Tous les hommes sont infidèles », ou « les femmes sont des manipulatrices », « il ne faut pas leur donner ni tout l'amour, ni tout l'argent ». Ces croyances qui accentuent la distance entre les hommes et les femmes, se transmettent de père en fils, de génération en génération, et font souffrir autant les femmes que les hommes. Ils s'affrontent les uns les autres, empêchant le rapprochement nécessaire pour s'aimer et vivre en harmonie.

Demander aux participants de faire des commentaires sur les croyances limitantes à propos des relations entre hommes et femmes.

Exercice : ma difficulté pour établir des relations avec les hommes, avec les femmes, et avec moi-même en tant qu'homme ou avec moi-même en tant que femme

Mets ce travail entre les mains de ta Sagesse Universelle, appelle-la, et souviens-toi de ce que nous avons dit, il y a quelques instants, sur les difficultés dans la relation avec les hommes, ou dans la relation avec les femmes ; quels souvenirs t'ont évoqués ces propos ? Quelles émotions, quelles sensations physiques sont apparues ?

La question de l'opposition entre les deux sexes est une histoire qui transcende ta vie, celle de tes parents, celle de tes grands-parents, et qui est née bien des années en arrière, il y a des siècles et peut-être des millénaires, quand les femmes étaient vendues et les hommes envoyés mourir à la guerre ou concouraient à mort pour leur dame. Elle vient d'encore plus loin, des époques du matriarcat puis du patriarcat qui est toujours d'actualité… et de plus loin encore…

Imagine qu'il y a face à toi les hommes et les femmes de ta famille, de ton histoire. Imagine qu'il y a face à toi les hommes et les femmes de tous les temps qui ont connu la guerre, la séparation, la solitude…

Parle avec eux et dis-leur qu'ils ont été victimes d'un monde qui tourne à l'envers, et que c'est pour cette raison qu'ils sont meurtris, blessés.

Explique-leur que toutes les blessures cicatrisent si on les laisse cicatriser et dis-leur comment ils peuvent le faire avec leur respiration. Parle-leur de leur Sagesse Universelle, de la façon dont elle peut les aider. Invite-les à se mettre entre ses mains et à lui demander de l'aide pour cicatriser leurs blessures.

Invite-les à se réconcilier les uns avec les autres parce que tous et toutes sont victimes d'un monde qui tourne à l'envers.

Raconte-leur que, dans le fond, nous sommes égaux, tous, les hommes, les femmes, nous sommes de la même Essence, toute l'information de l'univers est en moi, en toi, en eux, en elles.

Ils t'écoutent ?

Invoque la Sagesse Universelle de chacun de ces hommes et de chacune de ces femmes, la Sagesse Universelle Absolue, la Sagesse Universelle de toute l'humanité et demande-lui la guérison pour tous.

Et maintenant, observe-toi comme tu es là, regarde-toi, ressens-toi comme la part d'Humanité que tu es, de son histoire et, de là où tu es, répète à voix haute avec eux tous : JE SUIS LA SAGESSE UNIVERSELLE, JE ME PERÇOIS, JE ME RECONNAIS DANS MON ESSENCE, EN ME NETTOYANT DES PEURS ET DES PRÉJUGÉS, EN ME LIBÉRANT DES ENTRAVES ANCESTRALES, JE SUIS LA SAGESSE UNIVERSELLE, JE SUIS UN ÊTRE HUMAIN COMPLET, JE SUIS LA SAGESSE UNIVERSELLE, JE SUIS MOI.

Et observe comment maintenant ces hommes et ces femmes te disent peut-être avec des mots, peut-être du regard ou par leur attitude : « Nous te reconnaissons, comme l'homme que tu es, comme la femme que tu es, libéré des préjugés, des peurs et des croyances ancestrales. »

Faire une pause, demander si tout va bien. (Ne pas leur demander comment ils vont, au risque de laisser ainsi la possibilité aux participants de croire qu'ils pourraient aller mal et s'auto-suggérer qu'il en soit ainsi). Si quelqu'un ne se sentait pas confortable, demander à l'ensemble du groupe de l'aide à digérer la gêne ou l'inconfort avec la respiration. Et poursuivre…

Remarque combien tu te sens libre maintenant que tu es déjà débarrassé de ce poids qui ne t'appartenait pas et observe comme tu es là en train de te mettre en relation avec les hommes, avec les femmes, avec les êtres humains dans leur totalité, quel que soit leur genre, de manière bénéfique, avec joie, en y prenant plaisir, en vous rapprochant, en vous éloignant, en vous mettant à la distance la plus confortable pour vous…

Reste là un moment à prendre plaisir à cette expérience et quand tu le veux, en gardant les sensations agréables que tu as maintenant, laisse ce processus dans les mains de ta Sagesse Universelle, remercie-la, remercie-la encore, fais une respiration profonde et ouvre les yeux.

Commentaires des participants

Commentaires au coordinateur de groupe

On peut faire les commentaires à la fin des deux exercices, ou après chacun d'eux. Les faire l'un après l'autre oblige à entrer puis à sortir de l'état amplifié de conscience que provoque l'exercice, puis à y entrer à nouveau rapidement. Cette technique s'appelle fractionner et approfondir cet état, également connue comme la transe hypnotique naturelle ou ericksonienne.

Vous pouvez trouver les bases de ces techniques dans Teresa Robles, *La magie de nos masques*, Satas, Coll. Le Germe, Bruxelles, 2007, pp. 57-72.

6. J'apprends à demeurer en paix avec les autres[16]

Introduction

Interroger les participants sur la façon dont s'est passée la semaine et leur demander de jeter un coup d'œil à leur rempart pour regarder comme il s'est amélioré, peut-être en se complétant, peut-être en se renouvelant d'une manière bénéfique à chaque respiration. Ils peuvent fermer puis rouvrir les yeux un moment pour le faire, ou essayer de l'évoquer en gardant les yeux ouverts.

Leur demander s'ils se sont rendu compte de la façon dont ils l'ont utilisé durant la semaine.

Introduction au thème

De la même manière que nous entretenons les voitures et les moteurs, nous devrions entretenir nos relations pour les débarrasser des malentendus et des rancœurs, pour procéder à des ajustements. Ce n'est pas toujours possible à faire avec les personnes impliquées, parce que certaines ne sont peut-être pas disponibles et que d'autres pourraient en être gênées.

En outre, ce n'est pas très pratique de garder des rancœurs et des émo-

16. L'explication théorique de cet exercice se trouve dans « Comment faire ses adieux et grandir », dans Robles Teresa, *La magie de nos masques*, Satas, Coll. Le Germe, Bruxelles, 2007, pp. 83-89. Son adaptation en exercice d'autohypnose se trouve dans Robles Teresa, *Réviser le passé pour construire l'avenir*, Satas, Coll. Le Germe, Bruxelles, 2005, pp. 64-66. Il fait aussi partie d'un enregistrement audio de Teresa Robles intitulé *Récupère ta force de vie*, Satas, Bruxelles.

tions bloquées parce qu'elles affectent le corps et nous rendent malades. Ce n'est pas très pratique parce que les émotions non digérées sont constituées d'énergie de vie. Si on les garde sans les digérer, elles deviennent de l'énergie de vie inutile que l'on ne peut pas utiliser.

Je vous conseille de faire l'exercice suivant pour demeurer en paix dans toutes vos relations importantes. Vous pouvez, par exemple, faire vos adieux à des personnes décédées si vous n'avez pas pu le faire dans la réalité, ou pas de la façon dont vous l'auriez voulu. Vous pouvez aussi faire vos adieux à des situations. Il est important de travailler avec vos relations actuelles, que ce soit pour y mettre un terme et vous en séparer en paix, ou pour mettre de côté ce que fut la relation jusqu'à présent et en renouer une d'une manière différente, dans la paix, sans avoir de comptes à régler.

Pensez aux personnes avec lesquelles vous avez des comptes à régler. Je vous propose de travailler avec une personne à la fois. Quand vous commencez l'exercice avec l'intention de demeurer en paix avec une certaine personne, s'il en apparaît soudain une autre à la place ou plusieurs, travaillez avec celles qui apparaissent. Rappelez-vous que nous laissons la direction de ce travail aux mains de votre Sagesse Universelle.

Et je vous recommande de travailler avec TOUTES vos relations d'importance : votre père, votre mère, vos grands-pères et vos grands-mères, vos frères et sœurs, vos conjoints, vos enfants, vos amis, vos patrons et toutes les personnes importantes de votre vie. Je vous recommande de travailler avec vous-même pour demeurer aussi en paix dans cette relation.

Cet exercice est une conversation qui se passe en vous, dans votre imagination, comme vous avez besoin qu'elle se passe, pour être tranquille avec cette personne. C'est une conversation intérieure, pour vous. Évitez de la reproduire dans le monde extérieur parce que ce n'est pas la peine de tout dire aux autres.

Dans le monde extérieur, il est souvent plus pratique d'en dire moins pour éviter les problèmes et partager de bons moments en paix. C'est pourquoi cette conversation ne peut avoir lieu qu'en vous-même, comme vous en avez besoin pour être bien avec les gens, pour demeurer en paix avec ce qu'ont été ces relations jusqu'à présent et ainsi pouvoir, ou bien y mettre un terme, ou bien les renouer d'une manière différente, sans émotions gênantes en vous-même, sans qu'il reste des comptes à régler, au moins venant de vous vis-à-vis de ces personnes et en gardant le meilleur de ce que ces relations vous ont donné.

Exercice

Installe-toi confortablement et sens ta respiration, comme tu es en train de respirer, sans rien changer, et mets ce travail dans les mains de ta Sagesse Universelle… Si tu peux entrer en elle, fais-le et sinon, approche-toi, touche-la, pendant que tu lui répètes intérieurement ou à voix haute, « JE SUIS MOI EN TRAIN DE RÉSOUDRE LES CHOSES RESTÉES EN SUSPENS DANS MES RELATIONS, JE SUIS (énonce ton nom dans sa totalité) EN PAIX AVEC MOI-MÊME ET AVEC LES AUTRES, JE SUIS MOI. » Maintenant, choisis la personne ou la situation avec laquelle tu vas parler pour faire la paix.

Imagine que tu es en train de parler avec cette personne, de manière protégée, comme tu as besoin de parler, dans un endroit confortable et agréable pour toi. Rappelle-toi que s'il apparaît spontanément une autre ou d'autres personnes, c'est avec celles-là qu'il faut faire l'exercice en ce moment.

Profites-en pour parler de toutes les choses restées en suspens dont vous n'avez jamais pu parler. Formule tous les reproches que tu as à lui formuler, et c'est très important, parce que, à chaque reproche, ta respiration digère toutes les émotions qui te restent en travers de la gorge vis-à-vis de cette personne ; c'est très important. Rappelle-toi que cette conversation ne peut avoir lieu qu'en toi, de manière protégée pour toi, pour les autres et ainsi, pendant que tu exprimes tes reproches, ta respiration digère toutes les émotions restées bloquées en rapport avec cette personne.

Remercie-la également pour tout ce qu'il te faut la remercier, remercie-la pour les bons moments que vous avez vécus ensemble, pour ce qu'elle t'a donné, pour ce qu'elle t'a enseigné. Tout cela fait partie de toi, et c'est en toi. Remercie-la, même si le mérite t'en revient, parce que tu as dû grandir avec cette relation. Remercie-la parce que ça s'est produit dans le cadre de la relation avec cette personne. Tout ce que cette relation t'a donné fait déjà partie de toi, c'est en toi, et c'est plus facile de demeurer en paix avec cette personne si tu as formulé tous les reproches que tu as besoin de formuler, quand tu as digéré les émotions ravalées en rapport avec cette personne, quand tu as déjà dit merci et gardé en toi tout ce qu'elle t'a donné de bon.

Et ainsi, pendant que tu formules tes reproches et digères les émotions ravalées, pendant que tu exprimes tes remerciements et gardes en toi ce qu'elle t'a donné de bon, ta Sagesse Universelle, grâce à ta respiration, fait un travail plus important pour toi. Elle fait venir à toi toute l'énergie qui est la tienne et qui était jusque-là dans cette personne. Toute cette énergie, qui est la tienne, te revient, en te remplissant, en te complétant, et cette énergie est maintenant disponible pour que ton corps fonctionne correctement, pour se transformer en émotions différentes, pour vivre la vie comme tu veux la vivre, en y prenant plaisir. Et en même temps, ta Sagesse Universelle grâce à ta respiration fait parvenir à cette personne toute l'énergie de cette personne qui était jusque-là en toi. Ta respiration est en train de la lui restituer, de manière protégée, de t'en libérer, de manière bénéfique, de restituer cette énergie automatiquement à chaque respiration, de manière bénéfique, et tout cela se produit automatiquement en toi, sans que toi, tu n'aies rien à faire.

Et tu peux continuer ainsi, à formuler tes reproches et à digérer les émotions gênantes, à te montrer reconnaissant et à garder en toi ce que cette relation t'a donné de bon, le temps que tu veux. Rappelle-toi aussi que tu peux répéter cet exercice jusqu'à ce que tu sentes que tu es en paix avec cette personne.

Demander à tous les participants s'ils sentent que c'est suffisant pour le moment. Quand tous répondent par l'affirmative, poursuivre.

Imagine que cette personne est toujours en face de toi et répète avec tous, à voix haute, s'il s'agit d'un homme au masculin, s'il s'agit d'une femme au féminin : « À PARTIR DE CELUI QUE JE SUIS, JE T'ACCEPTE TOI, COMME TU ES, DANS TA TOTALITÉ, AVEC TES QUALITÉS ET TES DÉFAUTS, AVEC CE QUI ME PLAÎT ET CE QUI ME DÉPLAÎT DE TOI, AVEC TES ERREURS ET TES LIMITATIONS QUI M'ONT FAIT GRANDIR.

ET « JE SUIS » (énonce ton nom dans sa totalité) ET DANS MA PLEINE CONSCIENCE D'ÊTRE HUMAIN, JE DÉCRÈTE AUJOURD'HUI ET POUR TOUJOURS QUE J'EN AI FINI DE SOUFFRIR DANS MA RELATION AVEC TOI ET QU'À PARTIR DE MAINTENANT JE RESTE EN RELATION OU JE ME SÉPARE, EN PAIX ET AVEC TRANQUILLITÉ.

ET AU NOM DE LA SAGESSE UNIVERSELLE QUE JE SUIS, DE LA SAGESSE UNIVERSELLE QUI EST EN TOI, JE DEMANDE PARDON POUR NOUS DEUX, POUR TOUTES LES ACTIONS ET LES OMISSIONS QUE DEPUIS TOUJOURS NOUS AVONS COMMISES CONTRE NOUS, CONTRE LES AUTRES, CONTRE L'HUMANITÉ, CONTRE LA NATURE, CONTRE CETTE PLANÈTE, CONTRE LES LOIS DE L'UNIVERS, CONTRE CE QU'IL Y A DE PLUS SACRÉ POUR TOI, POUR MOI.

Je te laisse dans les mains de ta Sagesse Universelle. MOI, JE SUIS MOI, ET JE DEMEURE EN PAIX. »

Remercie ta Sagesse Universelle pour son aide et en gardant les sensations agréables que tu as maintenant, fais une respiration profonde et ouvre les yeux.

Commentaires des participants

Commentaires au coordinateur de groupe

Cet exercice peut être fait plusieurs fois avec la même personne jusqu'à être en paix avec elle. Il peut être refait durant la séance si tous les participants le souhaitent, mais il peut aussi se faire en individuel, ou en utilisant l'enregistrement audio, *Autohypnose pour récupérer ses forces de vie* le soir, avant de s'endormir ou chez soi, en écrivant des cartes à chacune des personnes avec lesquelles il reste des choses en suspens, ou mieux encore, à toutes les personnes significatives : père, mère, grands-parents, frères, conjoints, enfants. C'est très utile d'être aussi en paix avec soi-même. Dans ces cartes, il est très important d'exprimer les reproches, pendant que sont digérées les émotions ravalées, puis de remercier les personnes pour tout ce que la relation a laissé de bon.

Dans cet exercice, comme dans tous, le coordinateur de groupe doit s'assurer que tous les participants se sentent bien et, si ce n'est pas le cas, demander au groupe d'imaginer que cette personne est en paix avec celle qu'elle est en train de traiter, et qu'elle s'apaise grâce à la respiration de tous ses compagnons.

7. À la découverte de mes masques pour apprendre qui je suis[17]

Introduction

Demander comment ils ont passé la semaine, s'ils ont fait la paix avec d'autres personnes, comment ils se sont sentis. Dans le cas où certains auraient écrit des cartes, leur suggérer de les brûler et de mettre les cendres dans le pot d'une plante avec laquelle ils puissent se préparer une infusion. D'arroser la plante plusieurs jours puis de s'en faire une infusion avec les petites feuilles, et de la boire dans un moment tranquille, en paix, de préférence seul.

Leur demander de jeter un coup d'œil à leur rempart pour voir comment il s'est amélioré, peut-être en se complétant, peut-être en se renouvelant à chaque respiration.

Introduction au thème des masques

Nous apprenons ce que nous sommes par ce que nous en disent les adultes : « Quelle gentille petite fille ! » ou « La vilaine désobéissante ! » À force d'écouter ce qu'on dit de nous, nous finissons par croire que c'est ce que nous sommes. Par exemple, à moi, Teresa Robles, on me disait : « Tu es terrible, tu es terrible ! » et je le croyais. On me répétait aussi : « Tu

17. Vous pourrez trouver davantage d'exercices sur les masques dans Robles Teresa & Abia Jorge : *Apprenons par l'autohypnose à cheminer dans la vie*, Satas, Coll. Le Germe, 1997, Bruxelles, pp. 103-118. La justification théorique figure dans Robles Teresa, *La magie de nos masques*, Satas, Coll. Le Germe, Bruxelles, 2007, pp. 91-100.

es comme ton papa » qui, heureusement, était courageux et intelligent. Et une fois que l'on est affublé d'un masque, quoi que l'on fasse, ce sera interprété selon tel modèle ou tel autre.

Le coordinateur de groupe peut donner des exemples sur ce qu'on disait de lui.

Quand nous sommes revêtus de nos masques, nous en arrivons à agir selon le livret qui correspond à ce masque et pas comme nous le voulons en réalité. Nous marchons dans la vie à contrecœur et en traînant les pieds.

Le pire, c'est qu'à force de voir le masque, nous finissons par croire que c'est ce que nous sommes et à nous comporter de la sorte.

Parfois ces masques nous étaient promis dès avant notre naissance ou nous sont attribués au premier regard quand on a dit de nous : « il ressemble à l'oncle machin ou elle ressemble à la grand-mère… » et à partir de là, tout ce que nous faisions était interprété conformément à ce que notre famille croyait que nous étions. Par exemple, on disait aussi de moi que j'étais toujours casse-cou, et si j'étais malade, si je tombais ou s'il m'arrivait quelque chose, l'explication était toujours : « C'est parce que tu es trop casse-cou, comme s'il ne pouvait rien t'arriver ».

D'autres masques nous sont fournis par la société quand nous essayons d'agir comme il faudrait le faire. Ce sont tous ceux qui commencent par *le bon…* père, fils, étudiant, etc. ou par *la bonne…* mère, fille, fiancée, etc. Et même si ce sont des déguisements de valeur, ils constituent un problème, nous en sommes esclaves parce qu'ils sont réversibles, et si nous ne respectons pas un point du livret, ils se transforment en leur contraire : la mauvaise mère, fille amie… ou le mauvais père… fils… etc.

On nous affuble d'autres costumes en fonction de la race, de la nationalité, du genre et leur livret disent par exemple : « Tous les hommes sont pareils… ils ne pensent qu'à ça… » ou « les femmes sont des idiotes, des hystériques, des irrationnelles », « les Mexicains sont feignants et tricheurs ».

Le fait est que tous les déguisements vont de pair avec un livret qui précise ce qui se rapporte et ce qui ne se rapporte pas à chaque déguisement. Combien de fois entend-on : « Ça, c'est pas pour nous » ? Le studieux ne peut pas faire relâche et on ne reconnaît pas les succès d'un bon à rien, bien qu'il en ait, on ne les voit pas. À cause de ces limitations, on en arrive à arrêter de faire des choses qu'on aimerait pour en faire d'autres qu'on n'aime pas, on finit par en avoir marre, par être fatigué.

À force de porter des déguisements, nous les confondons avec la peau. Nous croyons que c'est ce que nous sommes.

Parfois, nous nous collons désespérément des déguisements valorisants pour en cacher d'autres qui ne nous plaisent pas. Par exemple, le petit garçon à qui l'on a mis le costume de « déficient » parce qu'il est né avec un problème que les parents ont interprété comme un dommage épouvantable, essaie désespérément, devenu grand, de se coller le costume de la superstar au travail, celui qui résout les problèmes que personne n'arrive à résoudre et pour ce faire, il travaille davantage, fait des heures supplémentaires, les samedis et les dimanches, il se sacrifie en essayant de garder bien collé un déguisement qui cache celui de déficient qui lui fait peur.

Nous pensons que même les déguisements valorisants amènent des problèmes. Nous en sommes esclaves parce qu'ils nous obligent à respecter le livret et ses restrictions.

Le problème, c'est que ce sont des déguisements qui masquent la personne de la tête aux pieds et ne permettent pas de la voir.

Le problème, c'est qu'ils sont collés et que nous ne pouvons pas les enlever.

Le problème, c'est que nous croyons que c'est ça que nous sommes et que nous les confondons avec notre peau.

Néanmoins tout bien pesé, les déguisements nous apportent des enseignements que nous pouvons retenir et utiliser quand nous en avons besoin. À moi, Teresa Robles, le costume de casse-cou m'a permis de faire beaucoup de choses qui auraient effrayé n'importe quelle petite fille : j'ai fait du sport, j'ai vécu des aventures, je me suis amusée même en me mettant dans des situations dangereuses. Et celui d'intelligente comme mon papa m'a permis d'étudier et de réussir mes études. Un grand merci à lui, alors que je suis en train d'écrire ce livre.

Le coordinateur peut donner des exemples de ses propres masques et inviter tout le monde à parler des différents masques sociaux et personnels.

Exercice pour découvrir et décoller ses déguisements

Installe-toi confortablement à l'intérieur de ton rempart. Sens ta respiration et mets ce travail dans les mains de ta Sagesse Universelle en répétant en toi ou à voix haute, JE SUIS MOI, AU-DELÀ DE MES MASQUES. JE SUIS EN TRAIN DE DÉCOUVRIR QUI JE SUIS.

Maintenant, en silence, pense à ce que sont les masques que, jusqu'à présent, tu as portés depuis que tu es né, peut-être même avant ta naissance ou depuis tout petit. Peut-être que tu sais ce qu'ils sont, peut-être pas, peu importe. Peut-être qu'il y a des costumes différents, l'un sur l'autre.

Rappelle-toi ce qu'on disait de toi quand tu étais petit… Tu ressemblais à qui ? Et comment était cette personne ? On disait que tu étais toujours comment ? Quelle explication donnait-on à ce que tu faisais ou à ce qui t'arrivait ?

Tu as déjà remarqué ce que sont ces déguisements ?

Sens ta respiration et observe comment, chaque fois que tu respires, l'air qui entre par ton nez ou par ta bouche passe de manière protégée et agréablement entre ta peau et le déguisement en le décollant confortablement, en enlevant la colle, en soignant la peau recouverte depuis tant d'années. Chaque fois que tu respires, cet air doux passe entre tes différents déguisements, les décolle, les détache les uns des autres, les différencie.

Tu as déjà remarqué comment c'est en train de se faire ?

Et, en même temps, ta respiration rénove ces déguisements, les transforme en vêtements confortables que tu peux enfiler et retirer facilement, rapidement, chaque fois selon tes besoins, elle les transforme en vêtements confortables, à la mode, à ta taille, pour que tu puisses les utiliser librement à n'importe quel moment, tant qu'ils te plaisent tu peux les utiliser en toute occasion.

Reste là un moment à les regarder, à les toucher, à les essayer, en observant quelles parties du vêtement sont confortables et, si quelque chose te gêne, laisse ta respiration l'arranger, l'ajuster, le transformer de manière bénéfique.

Tu peux rester là un moment à essayer les différents costumes, maintenant que tu en possèdes un pour chaque occasion, ou même en imaginant dans quels moments, avec quelles personnes, dans quelles situations tu peux les utiliser.

Laisse ta Sagesse Universelle grâce à ta respiration en fabriquer d'autres qui te manquent et elle va continuer à les fabriquer la nuit, pendant que tu dors, que tu rêves, pendant le temps qui sera nécessaire, pendant que tu dors profondément et que tu te reposes pour te réveiller au matin, reposé et régénéré.

Maintenant remarque comme ta respiration les range tous à leur place et les laisse propres pour le moment où tu pourrais en avoir besoin, tous, même ceux qu'aujourd'hui tu n'as pas envie de voir.

Rappelle-toi que dans la famille dans laquelle tu as grandi, ils persistent peut-être à te voir comme ils se sont habitués à te voir. Si tu arrives habillé comme ils s'y attendent, ils vont t'accepter, mais ils peuvent au moins commencer à reconnaître ton visage, tes mains, tes pieds parce que ce qui était un déguisement est déjà maintenant un vêtement confortable qui permet de voir qui tu es.

Imagine que tu leur rends visite avec le vêtement qui était avant un déguisement et observe que, même s'ils continuent à te répéter que c'est ce que tu es, tu les écoutes avec tranquillité parce que tu sais déjà que c'était un déguisement et tu reconnais maintenant qui tu es en réalité.

Laisse tout ce travail de confection et de réparation de vêtements confortables dans les mains de ta Sagesse Universelle, remercie-la, remercie-la toujours, fais une respiration différente et ouvre les yeux.

Demander à chacun si tout va bien, ce qui est une façon de le suggérer, et les inviter à ouvrir les yeux.

Commentaires des participants

Commentaires pour le coordinateur de groupe

Avant de terminer, leur proposer durant la semaine de jouer à se mettre leurs différents vêtements, les ex-déguisements, et à sortir avec eux pour observer comment ils se sentent sans les prendre vraiment au sérieux, en jouant.

Une autre tâche pourrait être d'observer les vêtements ou les masques des autres et de se demander s'ils aimeraient avoir les mêmes.

8. J'apprends à me relier à mon corps, à ma sexualité et à mes émotions

Introduction

Demander comment ils ont passé la semaine. Ont-ils essayé de nouveaux vêtements ? En ont-ils trouvé qui leur faisaient défaut ? Lesquels ?

Exercice

Leur proposer, avec l'aide de leur Sagesse Universelle, de s'imaginer en train d'utiliser déjà les nouveaux vêtements qu'ils aimeraient avoir.

Commentaires au coordinateur de groupe

Cette demande de le faire sous cette forme a pour objet de les faire commencer à travailler tout seuls, et à faire leurs propres exercices d'autohypnose. Les questions posées au début de chaque séance poursuivent la même finalité.

Commentaires des participants

Introduction du thème

Nous sommes en train d'apprendre à reconnaître qui nous sommes. Nous sommes notre corps, nos émotions, notre esprit et notre Sagesse Universelle. Et parce qu'elle relève de notre corps, nous sommes aussi notre sexualité.

J'ai déjà mentionné que bien avant d'être capables d'accepter ou de refuser ce que les adultes nous disaient, nous avons mal appris beaucoup de choses, entre autres à voir le monde comme s'il était divisé en paires d'opposés[18] : lumière-obscurité, bien-mal, esprit-matière, raison-émotion, logique-intuition, mental-corps, au lieu de voir dans ces opposés des moitiés complémentaires ou des totalités. Nous avons aussi appris à croire que les premiers éléments de la paire, lumière, bien, esprit, raison, logique, mental, sont de premier ordre et que les autres, obscurité, mal, matière, émotion, intuition, corps, sont de troisième zone et, par conséquent, devraient être contrôlés par les premiers.

Comme nous croyions que le corps était de troisième zone, nous avons appris à cesser d'écouter ses signaux et, par exemple, à manger quand c'est l'heure de manger au lieu de manger quand on a faim, à réprimer l'envie de dormir avec du café ou du coca cola et faire passer le sommeil après des choses « plus importantes » comme aller au cinéma, sortir le vendredi soir, finir un travail.

Nous avons appris à maltraiter notre corps comme si c'était « un instrument » qui ne faisait pas partie de nous, ou pour être « notre partie animale », « instinctive ». C'est vrai, c'est notre partie animale, biologique, formidable, constituée des mécanismes qui nous permettent de survivre.

À un moment de notre histoire, il y a très très longtemps, quand le monde s'est mis à tourner à l'envers, les grandes religions se sont mises à diaboliser notre partie instinctive, à la réprimer, et savez-vous ce qui s'est passé ? La même chose qui se passe quand quelqu'un nous dit, par exemple : « À partir d'aujourd'hui, tu ne peux plus manger de la crème ou des gâteaux. » À partir de ce moment-là, la crème et les gâteaux nous font de plus en plus envie.

Quand il a été décidé que les instincts étaient mauvais et qu'il s'est agi de les réprimer, comme ils constituent une part fondamentale du fonctionnement de notre corps, ils se sont exacerbés, comme s'ils hurlaient pour se faire remarquer et, dès lors, on les a qualifiés de péchés.

---

18. J'ai commencé à traiter ce point en 1990 dans Robles Teresa, *Concerto pour quatre hémisphères*, Satas, Coll. Le Germe, Bruxelles, 2009, pp. 71-89.

Derrière les grands péchés, il y a des instincts qui font partie de nous et dont nous avons besoin pour survivre sur les plans physique, émotionnel et social.

Les personnes orgueilleuses, par exemple, ont presque toujours été écrasées et dévalorisées tout au long de leur vie, surtout quand elles étaient petites. Elles sont résolues à ne plus jamais se laisser écraser même s'il leur faut pour ça être arrogantes et écraser les autres. L'instinct que cache l'orgueil est le besoin d'être reconnu, et la satisfaction de ce besoin est à la base de l'estime de soi.

Au-dessous de l'avarice, il y a l'instinct naturel de garder les choses dont nous avons besoin ou simplement dont nous voulons profiter et, comme tous les instincts, on les trouve aussi chez les animaux. Les écureuils conservent leurs noisettes pour l'hiver, et ils le font même dans des régions, comme le Mexique, où ils peuvent trouver de quoi se nourrir toute l'année. Et d'autres animaux, dont les pies, les fourmis et les rats des champs gardent dans leur nid ou leur terrier des objets brillants, pas parce qu'ils leur sont utiles, mais simplement parce qu'ils leur plaisent ou qu'ils attirent leur attention.

L'envie est une émotion très importante. Quand nous éprouvons de l'envie, cela nous montre ce que nous aimerions avoir ou obtenir, ce qui peut constituer la base de la motivation. Quand on nous envie, cela nous dit « Tu possèdes des choses auxquelles les autres accordent de la valeur », ce qui devient un autre ingrédient de l'estime de soi. Cependant, quand on la réprime, elle s'exacerbe et peut s'avérer destructrice. Il se peut aussi qu'au fil du temps, on l'ait diffamée en la faisant passer pour de l'agressivité.

Concernant la gourmandise, avez-vous jamais réfléchi à l'importance de prendre du plaisir avec la nourriture ? Il y a des personnes qui disent ne pas apprécier la nourriture, qui cessent de s'alimenter, tombent malades et risquent même d'en mourir. Les personnes qui souffrent d'anorexie et qui ne veulent pas manger parce qu'elles se trouvent grosses, arrivent par de gros efforts à contrôler la faim, mais il leur en coûte beaucoup plus d'arrêter d'apprécier la nourriture pour ne pas céder à l'appétit.

La colère est l'exagération de l'irritation, une autre émotion très importante. Elle nous prévient que quelque chose ou quelqu'un nous agresse et elle nous prépare à nous défendre. Comme notre corps est le même que celui de l'homme des cavernes, nous contractons les muscles en nous préparant à l'éventualité de recevoir un coup, nous serrons les poings pour frapper, nous respirons plus vite pour augmenter l'oxygénation de notre corps afin qu'il puisse réaliser de gros efforts. La colère est un signal qu'il est très important d'écouter pour pouvoir, ensuite, nous défendre correctement. Il ne s'agit pas de s'élancer en courant derrière celui qui nous a agressés pour le frapper, comme cela se passait il y a un million d'années et comme cela se passe toujours entre les enfants et les adolescents, mais si nous écoutons son message, nous pourrons nous défendre ou fuir cette situation.

De la même manière qu'il est nécessaire d'éprouver du plaisir à manger pour nous alimenter, il est indispensable d'éprouver du plaisir avec notre corps, la sexualité est indispensable, non seulement pour procréer mais également pour faciliter le rapprochement, l'amour, l'union entre les êtres humains. L'un des slogans entendus dans les rues en France lors du mouvement étudiant de mai 68 était : « Faites l'amour, pas la guerre ».

La sexualité est en outre une force sacrée, elle crée la vie. Les guérisseurs qui travaillent avec l'énergie nous diraient que le chakra de la sexualité est le même que celui de la créativité.

Et la paresse, pourquoi est-elle « la mère de tous les vices ? » Parce que, quand on reste un moment à ne rien faire, à se reposer, c'est l'occasion de ressentir son corps, d'y prendre plaisir, de reconnaître ses émotions, de réfléchir, de se demander si l'on aime la vie que l'on vit ou si l'on préférerait autre chose. Condamner la paresse et maintenir le peuple occupé en permanence à faire des choses jusqu'à tomber d'épuisement (et à l'époque actuelle branché à la télé ou à internet), a été un moyen pour des gouvernements, religieux ou laïques, de soumettre le peuple sans qu'il ait l'opportunité de s'interroger ou de se rebeller.

Quand on parle de « notre partie animale », c'est comme une insulte, une forme de mépris, alors qu'on devrait en faire l'éloge.

Nous avons aussi appris à considérer nos émotions comme inappropriées ou mauvaises et à les réprimer, à les nier, et à contrôler même les émotions considérées comme positives au nom des bons modèles et de l'éducation. En fin de compte, nous avons appris à nier ce qui fait partie intégrante de l'être humain et à nous sentir coupables de percevoir notre corps, de ressentir, de vivre.

Tout comme la faim nous signale que nous avons besoin de manger et la soif que nous avons besoin de boire, les émotions, qui sont aussi ressenties dans le corps, nous indiquent ce qui est en train de se passer dans le monde en lien avec nous.

J'ai déjà parlé de ce que nous disent l'envie et la colère. Toutes les émotions se ressentent dans le corps et toutes nous délivrent un message. Elles sont formées de la même énergie psychique ou énergie vitale qui prend différentes formes. Si nous gardons des émotions non digérées, l'énergie dont elles sont faites reste piégée et nous ne pouvons pas l'utiliser pour prendre plaisir, pour favoriser le bon fonctionnement de notre corps, pour la convertir en nouvelles émotions, pour vivre comme nous voulons vivre.

Toutes les émotions sont humaines, il n'y en a ni de bonnes ni de mauvaises. Elles se manifestent quand c'est le moment, à cause de ce que nous vivons. Il est préférable de les reconnaître, d'apprendre d'elles, de les gérer, plutôt que de les ignorer et de les garder en travers de la gorge. CELA NE VEUT PAS DIRE QU'IL FAUT PASSER À L'ACTE.

Quand nous ne les reconnaissons pas, nous les gérons mal, elles se bloquent et se manifestent sous forme d'angoisse ou, comme on dit à Mexico, par de la « nervosité ». Elles peuvent aussi faire apparaître des symptômes dans le corps.

Les personnes qui sont « nerveuses » depuis toutes petites ont probablement ravalé beaucoup d'émotions de cette époque.

Nous allons faire des exercices qui sont très utiles pour reconnaître et digérer les émotions restées bloquées jusqu'à maintenant. Ces exercices servent aussi à diminuer le stress, car l'une des composantes du stress est tout un tas d'émotions non reconnues qui meurtrissent le corps.

Se rend-on jamais compte comment l'on ressent les différentes émotions dans le corps ? Les émotions se construisent dans le corps.

Faciliter les commentaires du groupe pour répondre aux questions suivantes et terminer toujours par une émotion agréable ; le fait de la décrire nous la fait ressentir.

Comment ressentez-vous l'irritation, la colère dans votre corps ? C'est plus facile à remarquer en se souvenant d'un moment où l'on s'est senti très très irrité. Vous sentez l'état de tension de vos muscles ? Et de votre mâchoire ? Comment vous respirez quand vous êtes irrité ? Quelle est la température de votre corps ? Qu'est-ce que vous ressentez dans l'estomac ?

Et quand vous êtes triste, comment ressentez-vous la tristesse dans le corps ? Vous sentez l'état de vos muscles ? Et votre mâchoire ? Comment vous respirez quand vous êtes triste ? Quelle est la température de votre corps ? Qu'est-ce que vous ressentez dans l'estomac ?

Et quand vous avez peur, comment le ressentez-vous dans le corps ?

Comment ressentez-vous la joie dans le corps ? Et la tendresse ?...

Est-ce que vous distinguez comment vous ressentez les différentes émotions ?

Et que nous enseigne chaque émotion ?

Nous avons déjà parlé de ce que nous disent l'envie et la colère. Que vous dit la peur ? Que vous dit la tristesse ? Et l'impuissance ? Et le désespoir ? Et la tendresse ? Que vous dit l'amour ?

Qu'on le veuille ou non, toutes les émotions font partie de nous et elles sont là. Quand elles apparaissent encore et encore, c'est peut-être parce qu'elles insistent tant et plus pour nous dire quelque chose que nous ne comprenons pas, ou bien parce qu'elles perturbent notre bien-être intérieur et qu'elles essaient de sortir. Évitez de vous battre contre elles et de les ravaler.

Recommandations pour faire les exercices individuellement[19]

1. Quand vous ressentez une émotion, demandez-vous : Comment s'appelle cette émotion que je suis en train de ressentir ? Qu'est-ce qu'elle veut me dire ? Si c'est une émotion agréable, savourez-la. Sinon, digérez-la avec votre respiration. Observez comment vous ressentez cette émotion dans le corps, et de quelle émotion il s'agit. Demandez à votre Sagesse Universelle de la digérer confortablement, automatiquement, sentez votre respiration comme vous avez appris à le faire dans ce groupe, laissez ce processus aux mains de la Sagesse Universelle et ne vous en occupez plus, votre respiration est déjà en train de la digérer.

2. Quand vous éprouvez des tensions ou quand vous êtes sous pression, faites la même chose, sentez votre respiration dans ses moindres détails, en respirant comme vous êtes en train de respirer, deux ou trois fois, les yeux ouverts ou les yeux fermés, et vous allez être étonnés de la façon dont vous vous relâchez.

Exercez-vous à le faire pendant la semaine, c'est chaque fois plus facile et plus efficace.

Si vous le voulez, vous pouvez le faire maintenant pendant que je me tais un moment...

Quand vous vous sentez nerveux ou anxieux, rappelez-vous que c'est un retour d'émotions que vous avez ravalées et que vous n'avez pas reconnues, du moins pas encore. Elles sont restées jusqu'à présent non digérées en vous.

Demandez-vous : Pour ce que j'ai vécu aujourd'hui, cette semaine, ces derniers temps, quelles émotions devrais-je ressentir ? Peut-être que vous pouvez répondre, peut-être pas, peu importe, ce qui importe c'est de les digérer et de vous sentir bien.

---

19. Vous pouvez trouver ces exercices et d'autres encore destinés à travailler avec les émotions et à apprendre à la personne à se donner de l'amour dans l'enregistrement audio *Pour que tu t'aimes comme tu en as besoin*, Teresa Robles, Bruxelles, Satas.

Les croyances limitantes

Toutes les idées que nous avons absorbées comme des éponges quand nous étions enfants et que nous gardons gravées en nous, nous font réagir de façon automatique et influencent nos attitudes, nos valeurs et nos comportements, et sont appelées les croyances limitantes[20]. Elles apparaissent sous formes de proverbes, de dictons, de chansons que nous ne remettons pas en question. Elles se transmettent de génération en génération, de parent à enfant depuis des temps immémoriaux.

Parmi elles, on trouve : « La vie n'est que sacrifice », « Il n'y a que ça qui intéresse les hommes », « les femmes qui prennent du plaisir et vivent intensément leur sexualité sont des prostituées », « les femmes décentes n'ont pas de besoins sexuels, et n'apprécient pas les caresses obscènes » (ce qui implique qu'il existe des caresses obscènes).

Exercice pour dissoudre les croyances limitantes, TOUTES, sur tous les thèmes

Les yeux fermés, appelle ta Sagesse Universelle, sens ta respiration dans ses moindres détails et mets ce travail entre ses mains. Ta respiration atteint toutes les parties de toi, toi dans ta totalité, tous tes creux, tes moindres coins, tes moindres recoins, et rencontre, où qu'elles soient, toutes ces croyances limitantes qui perturbaient ton bien-être, qui t'ont empêché de te reconnaître et de t'accepter comme un être humain complet.

Observe comme ta respiration arrive là où elles sont et va les découvrir, les faire sortir et les défaire, peut-être en séparant les mots, en séparant les syllabes, en séparant les minuscules, les majuscules, et les dissout de manière protégée.

Et observe comment, avec ces lettres, elle est en train d'écrire de nouvelles phrases différentes, des phrases de santé et de bien-être, de joie et de croissance, comme « JE SUIS MOI-MÊME, COMPLET, DANS MA

20. DILTS Robert, Las creencias, Urano, México, 1995. Voir aussi : Robert Dilts, Tim Hallbom, Suzy Smith, Croyances et santé, Desclée de Brouwer, 1996 (NdT).

TOTALITÉ, AVEC MES QUALITÉS ET MES DÉFAUTS, JE SUIS MES RÉUSSITES ET MES ÉCHECS, JE SUIS MON CORPS, JE SUIS MES ÉMOTIONS, EN TRAIN DE GUÉRIR. »

Demande à ta Sagesse Universelle de continuer à dissoudre toutes les croyances limitantes qu'il reste en toi, en construisant avec leurs lettres toujours plus de phrases de bien-être, à chaque respiration, de façon confortable, automatique, tout le temps qui sera nécessaire.

Remercie-la et, en gardant les sensations agréables que tu éprouves maintenant, fais une respiration profonde et ouvre les yeux.

Commentaires des participants

Exercice : nos difficultés dans notre relation à la sexualité

Maintenant que nous avons déjà enlevé les toiles d'araignée que les croyances limitantes avaient tissé sur ta sexualité, installe-toi de nouveau confortablement dans ton rempart, accompagné de ta Sagesse Universelle qui prend soin de toi et te protège. Remercie-la de sa présence.

Rappelle-toi, de manière confortable, de manière protégée, ce dont nous parlions il y a quelques instants sur le fait de réprimer « notre part instinctive », notre sexualité. Et de ce qu'a suscité cette conversation : des phrases que tu entends depuis tout petit ? De vieilles scènes familiales, très vieilles ? Des émotions ? Des sensations physiques ?

Observe comme ta respiration est en train de mélanger, de remuer, d'assimiler les souvenirs, les émotions, les sensations car ils ont tous à voir avec les difficultés que toi et nous tous avions jusqu'à présent avec la sexualité. Et observe comme il émerge de ce mélange une image, un souvenir, une sensation, n'importe quoi qui représente et qui est l'ensemble des difficultés que tu avais jusqu'à maintenant avec ta sexualité.

Pendant que ta respiration est en train de les digérer, de transformer ces difficultés en facilités, en façons nouvelles et différentes de vivre ta sexualité librement, de manière protégée, de manière bénéfique, imagine qu'il y a en face de toi tes parents, tes grands-parents, tes conjoints, toute ta famille, tes ancêtres, les représentants des grandes religions de tous les temps.

Explique-leur à tous ce que nous avons dit aujourd'hui sur les croyances limitantes, sur notre part instinctive, sur la sexualité. Quelle tête font-ils ? Est-ce qu'ils en tiennent cas ?

Maintenant, répète-leur à haute voix ce que je vais te dire :

JE SUIS MOI, UN ÊTRE HUMAIN DANS SA TOTALITÉ, AVEC UN CORPS, DES ÉMOTIONS, DES INSTINCTS ET UN ESPRIT, ET AU NOM DE CELUI QUE JE SUIS, JE VOUS PRÉVIENS QUE JE VAIS ÊTRE HEUREUX, ET VIVRE MA VIE ET MA SEXUALITÉ À MA FAÇON, DIFFÉRENTE DE CELLE DES AUTRES, AIMER MON CORPS, LE RESPECTER, ÉCOUTER MES ÉMOTIONS, EN PERMANENCE RELIÉ À MA SAGESSE UNIVERSELLE.

En gardant les sensations agréables que tu as maintenant, quand tu le veux, fais une respiration profonde et ouvre les yeux.

Commentaires des participants

Exercice : nous réconcilier avec notre corps, apprendre à l'aimer

Les yeux fermés, mets ce travail dans les mains de la Sagesse Universelle que tu es. Nous allons maintenant nous accorder un moment pour faire la paix avec ton corps et entamer avec lui une nouvelle relation en l'acceptant, en l'aimant, en en prenant soin…

Entre dans ta Sagesse Universelle ou approche-toi d'elle. Imagine que tu es en train de parler à ton corps, peut-être en te regardant dans un miroir, peut-être en t'imaginant face à face, peut-être seulement en le ressentant[21].

21. L'idée de se réconcilier avec son corps, en le regardant comme dans un miroir

Discute avec lui, demande-lui pardon de l'avoir maltraité au nom de choses importantes, de l'avoir négligé, de ne pas l'avoir écouté, et même de t'être mis en colère après lui s'il t'est arrivé de le faire. Explique-lui que l'on t'a enseigné à tort à le voir comme s'il était de troisième zone.

Promets-lui que ce sera dorénavant différent. Touche-le, reconnais-le, bichonne-le, donne-lui tout cet amour qui lui a fait défaut durant tant d'années. Promets-lui d'en prendre soin, de l'écouter, de lui donner ce qu'il a besoin, de l'aimer toujours.

Demande à la Sagesse Universelle qui t'accompagne de bien vouloir t'aider à tenir tes promesses automatiquement, avec joie, en t'aimant, en l'aimant.

Remercie-la, laisse ce processus entre ses mains, ne t'en occupe plus, fais une respiration profonde et ouvre les yeux.

Commentaires des participants

Commentaires au coordinateur de groupe

Leur recommander, durant la semaine, d'être attentifs aux signaux de leur corps, de le toucher, de le caresser, de l'aimer.

Si n'importe quel autre thème intéresse le groupe, par exemple, la relation avec l'argent, il peut se travailler de la même manière.

---

et en lui donnant de l'affection, vient d'une de mes anciennes élèves qui a participé à un groupe, Alicia de la Parra.

9. Mes difficultés avec l'intimité

Introduction

Leur demander comment ils ont passé la semaine. Se sont-ils souvenus d'écouter leur corps, de l'aimer et de lui donner de l'affection ? Ont-ils découvert d'autres croyances limitantes ou d'autres thèmes qui présentent des difficultés ? Ils peuvent demander à leur Sagesse Universelle de les résoudre comme elle a déjà résolu les précédents... Ils savent déjà comment.

S'ils le veulent, il est possible de prendre trois minutes pour que chacun, en silence, demande à la Sagesse Universelle, avec ses propres mots, de travailler sur ces thèmes.

Leur demander de jeter un coup d'œil à leur rempart et de regarder comme il s'est amélioré, peut-être qu'il s'est complété, peut-être qu'il s'est renouvelé de manière bénéfique à chaque respiration.

Introduction au thème des difficultés avec l'intimité

« Si la vie est une école, les relations c'est l'Université, en particulier les relations avec le conjoint. » Il en résulte qu'en tâchant d'endosser le costume du bon conjoint, on essaie de deviner ce que pense l'autre, avec toutes les chances de se tromper. On tâche de l'aimer comme on croit qu'il a besoin d'être aimé, et là aussi, il y a des chances qu'on se trompe ; ou bien, on essaie d'être comme on imagine qu'on nous demande d'être, et, naturellement, on n'y arrive pas, parce qu'on est différent. Mais on fait des efforts. On cesse d'être spontané, et ça nous rend malheureux. Dès lors, on se sent le droit d'exiger du conjoint qu'il en fasse autant. Et chaque fois que l'un échoue, ce qui se produit assez vite parce que chacun s'efforce d'être ce qu'il n'est pas, l'autre lui signale qu'il ne fait pas ce qu'il devrait faire, que ses efforts ne sont pas suffisants. C'est ainsi qu'on transforme les relations en obligations au lieu de vivre comme des occasions de recevoir ce que l'autre nous donne et d'apprendre à partir des différences.

La même chose se produit avec les amis, avec nos parents, avec les collègues. Ça nous gêne qu'ils soient comme ils sont. Savez-vous que le grand psychanalyste Carl Jung pensait que quand quelque chose nous gêne chez l'autre c'est parce que c'est ce que nous sommes et que nous n'aimons pas voir ? Et quand nous insistons pour que les autres soient d'une certaine manière, c'est parce que c'est ainsi que nous aimerions être ?

Sans laisser quiconque faire un commentaire, poursuivre par l'exercice.

Exercice pour transformer les relations en opportunités

Mets ce travail dans les mains de la Sagesse Universelle. Laisse venir à ton esprit des moments où tu as vécu ça, rappelle-toi, par exemple, des situations où tu t'es senti mal parce que les autres ne sont pas ou ne se comportent pas comme tu aimerais qu'ils soient, qu'ils se comportent… peut-être comme toi, tu aimerais être…

Laisse venir à ton esprit des moments où tu t'es senti mal parce que les autres étaient comme ils étaient, peut-être comme toi tu n'aimerais jamais être.

Et peut-être qu'il apparaît soudain des idées ou des images ou des sensations qui te font te souvenir comment et quand tu t'es comporté d'une manière qui, *jusqu'à maintenant*, te dérangeait chez les autres. Quand ce souvenir apparaît, répète trois fois en toi-même : « J'étais comme ça jusqu'à maintenant, ça fait rien » et laissez votre respiration digérer les souvenirs, les idées, les réflexions, les images, les sensations physiques, tout ce qui est apparu, de manière protégée, de manière automatique, pendant que tu te vois ou que tu te sens agir comme tu veux agir, vivre comme tu veux vivre, parce que tu as déjà appris à accueillir la façon dont les autres t'aiment et se rapprochent de toi, de manière bénéfique. Tu as déjà appris à vivre les relations comme des opportunités, au lieu de les vivre comme des obligations, et tu es en train d'y prendre plaisir…

Et il est en train de se passer quelque chose de très important ; à chaque respiration, toute la force et l'énergie qui avant maintenaient les obligations, est maintenant en train de construire des opportunités, qui sont des façons nouvelles, différentes, saines de vivre des relations intimes de manière protégée.

Et en étant sûr que c'est un processus permanent, qui se poursuit de manière automatique, tout le temps nécessaire, à chaque respiration, laisse-le aux mains de ta Sagesse Universelle, fais une respiration profonde et ouvre les yeux.

Commentaires des participants

Poursuivre avec les commentaires du coordinateur sur ce thème

Nous grandissons en recevant davantage de critiques que de compliments, sans pouvoir exprimer nos émotions. Cela nous empêche de nous montrer face aux autres tels que nous sommes, entiers, avec des qualités et des défauts, et nous empêche de les accepter tels qu'ils sont. Comme le disait Jung, quand on est face à une personne qui présente une caractéristique qu'on possède également et qu'on ne veut pas voir, on est considérablement tourmenté par la peur de la réveiller ou de la reconnaître en nous.

Nous grandissons avec la peur d'aimer, de nouer des relations étroites et d'en être blessés. Sans pouvoir dire librement « je t'aime ». Nous avons appris que la relation de couple se fait dans la lutte et qu'« *un seul peut tenir les rênes du foyer* ». Une lutte qui se transforme souvent en une véritable guerre pour amener l'autre à être ce que nous voulons qu'il soit.

Nous avons aussi appris à croire que le refus de l'autre devant nos avances serait une agression, que ça voudrait dire que « tu ne vaux rien, tu n'est rien, on ne peut pas t'aimer », au lieu d'entendre que chacun, tous, avons le droit de dire non à ce qui ne nous fait pas envie et que ce refus vient plus de ce que chacun vit et ressent, de son histoire et de sa liberté de choix, que de ce que nous sommes et de ce que nous faisons.

Parmi les croyances limitantes qui contribuent à ce type de situation, on trouve :

- Aimer, c'est se sacrifier, par conséquent, si j'aime, je souffre.
- Qui aime bien châtie bien.
- L'amour c'est renoncer, cesser d'être soi-même pour faire un avec l'autre ; par conséquent, si j'aime, je disparais.
- Le mariage c'est de l'esclavage.
- Si j'aime, j'en souffrirai.
- Si je montre mes émotions, je serai rejeté pour ne pas être l'idéal (c'est-à-dire, sans émotions « négatives »).
- Si tu te dévoiles, l'autre va profiter de toi.
- Si tu t'éloignes, on te court après, tu dois te faire désirer, rendre l'autre jaloux.
- Comme je ne suis pas un être idéal, je me trompe quand je ressens…, je ne dois pas, je ne mérite pas d'être heureux.
- Si tu cèdes, on va faire de toi ce qu'on veut.
- À propos de la femme : « Tu peux le faire à ton style. »
- À propos des hommes : « En y mettant la manière, tu peux en faire ce que tu veux, mais tu dois tout supporter. »

Demander aux participants de citer d'autres croyances limitantes sur ce thème.

Nous apprenons les relations intimes par la façon dont nous intégrons la relation de nos parents. Aucun couple n'est parfait. Tous les couples rencontrent des difficultés, et c'est normal, comme il est normal qu'enfants, nous ayons peut-être vécu ces difficultés d'une façon très différente.

Par exemple, en prenant parti pour l'un ou pour l'autre, ou en essayant de leur faire plaisir ou de les séparer, comme si on était responsable ou comme si on pouvait y faire quelque chose.

Nous avons grandi en croyant que les relations intimes sont difficiles, douloureuses. Nous allons travailler ce point par un exercice destiné à résoudre notre relation avec le couple de nos parents.

Exercice : Notre difficulté avec la relation entre nos parents

Installe-toi confortablement à l'intérieur de ton rempart. Mets ce travail aux mains de ta Sagesse Universelle. Demande-lui de continuer à dissoudre en toi tes croyances limitantes, plus particulièrement celles qui t'empêchent d'être toi-même dans tes relations proches, intimes, et de construire avec ces croyances des phrases de joie et de libération comme « JE SUIS LA SAGESSE UNIVERSELLE ET C'EST AINSI QUE JE ME MONTRE ET QUE JE M'APPROCHE ».

Et pendant ce temps, rappelle-toi quelles étaient, selon toi, les difficultés que tu avais avec la relation entre tes parents, et comment tu te sentais quand tu y étais confronté ou que tu y étais mêlé.

Maintenant, observe confortablement, de manière protégée, comme il apparaît là, de manière protégée, un symbole, n'importe quoi qui représente et qui est la difficulté que tu avais jusqu'à maintenant dans ton rapport avec la relation entre tes parents.

Imagine que tu fais face à tes parents, peut-être aussi aux couples de tes grands-parents, à ton couple ou à tes ex-couples, aux couples de tes ancêtres, qui ont probablement vécu une grande partie de leur vie comme « ils devaient » être et pas comme ils voulaient être, qui ont peut-être vécu leurs relations comme des obligations, au lieu de les vivre comme des opportunités.

Répète-leur à voix haute ce que je vais te dire « JE SUIS MOI (ET PRONONCE TON NOM COMPLET), ET DU FOND DE MOI-MÊME, DANS MA CONSCIENCE ET MA PLÉNITUDE D'ÊTRE HUMAIN,

JE VOUS ANNONCE QU'À PARTIR D'AUJOURD'HUI ET POUR TOUJOURS, JE VAIS ÊTRE HEUREUX, EN VIVANT MA VIE À MA FAÇON, DIFFÉREMMENT DE LA VÔTRE, EN PROFITANT DE MES RELATIONS COMME DES OPPORTUNITÉS ET EN AUCUNE MANIÈRE COMME DES OBLIGATIONS.

ET VOUS POUVEZ FAIRE LA MÊME CHOSE, SI VOUS LE VOULEZ, IL VOUS SUFFIT DE VOULOIR RECEVOIR CE QUE CHAQUE PERSONNE PEUT VOUS DONNER, COMME ELLE EST CAPABLE DE VOUS AIMER.

JE VOUS LAISSE AUX MAINS DE VOTRE SAGESSE UNIVERSELLE QUI EST EN VOUS ; ET MOI, JE VAIS VIVRE EN Y PRENANT PLAISIR, EN APPRENANT, EN GRANDISSANT, À PARTIR DE CET INSTANT MÊME. »

Et observe comment, pendant que tu parlais et sans que tu fasses quoi que ce soit, ta respiration a déjà fait ce qu'elle avait à faire, en transformant ces difficultés en facilités, en façons nouvelles, différentes, saines de nouer des relations avec les autres, en te libérant.

Et tu t'aperçois que ça s'est déjà produit peut-être parce que l'image change, peut-être parce qu'elle disparaît, ou peut-être qu'elle reste la même mais c'est toi maintenant qui te sens différent.

Et en étant sûr que c'est un processus permanent, automatique, qui se poursuit tout le temps nécessaire, aux mains de ta Sagesse Universelle, tout le temps nécessaire, fais une respiration profonde et ouvre les yeux.

Commentaires des participants

La peur de l'intimité

La peur est une émotion qui nous prévient d'un éventuel danger. Quand elle est forte, elle nous paralyse ; quand elle se renouvelle, elle se transforme en précaution salutaire. Une grande partie de cette peur naît de ce que nous avons appris de nos parents et des croyances limitantes que nous avons déjà travaillées, elle a déjà donc commencé à se dissiper.

Ce qui reste de peur, vous devez le résoudre vous avec vous-même, parce qu'à l'origine des difficultés dans l'intimité avec les autres, il y a la difficulté dans l'intimité avec soi-même, quelque chose que l'on a aussi appris.

On nous a enseigné que c'était mal de rester seul, et qu'il fallait l'éviter, alors que ce sont précisément dans ces moments de solitude que nous pouvons être avec nous-même.

C'est dans ces moments que les émotions que nous avons déjà travaillées font surface pour nous délivrer leurs messages, c'est dans ces moments que nous rêvons éveillés en construisant la réalité que nous voulons, que nous réfléchissons à notre vie et que nous pouvons même en arriver à nous demander si la vie que nous vivons est celle que nous voulons vivre.

C'est pourquoi, quand tout ce qui est resté bloqué, d'une certaine manière interdit, commence à sortir, ça nous fait peur. On a peur d'être seul, « dans l'intimité avec nous-même » et c'est naturellement que nous avons peur de l'intimité avec les autres.

Pour les dirigeants politiques, religieux, économiques, les tout petits instants que nous passons avec nous-même sont très dangereux. À tel point que pour les éviter, ils ont déclaré que « l'oisiveté », c'est-à-dire le repos, ne « rien » faire et passer un moment avec soi-même, est « la mère de tous les vices ».

Mais je vous assure que si nous apprenons à être bien avec nous-même, nous allons apprendre automatiquement à être bien dans l'intimité avec les autres. Nous allons travailler ce qui reste de cette peur et des difficultés avec l'intimité.

Exercice pour entrer en intimité avec toi-même

Reste là un moment, à sentir ton corps, à reconnaître les émotions que tu as ravalées pendant la journée, pendant des jours, des mois et des années peut-être et qui sont en train de venir à la surface pour que tu les regardes, que tu les connaisses, les reconnaisses et que tu écoutes leurs messages…

Rappelle-toi que l'angoisse est un fouillis d'émotions non digérées que tu as ravalées et que tu n'as probablement même pas reconnues.

Pendant que tu laisses tes émotions venir à la surface, reste là simplement à réfléchir et à te demander : Qu'est-ce que tu veux réellement ? À quoi rêvais-tu quand tu étais petit ? Est-ce que tu as toujours envie que ces rêves se réalisent ? Qu'est-ce qui te fait envie dans la vie ? Est-ce que tu aimes ce que tu fais, la façon dont tu agis et réagis ?

Tu peux te poser ces questions et y répondre, ou simplement rester là un moment à prendre plaisir à ta compagnie, pendant que je t'accompagne en silence avec ma respiration.

Laisser passer environ trois minutes et poursuivre :

Maintenant, là où tu es, rappelle-toi ces moments où tu as eu peur d'approcher la personne que tu aimes, peur qu'elle te repousse ou qu'elle te blesse pour être ce que tu es.

Rappelle-toi comment tu as ressenti cette peur dans le corps.

Parle à ta peur et remercie-la d'avoir essayé de t'aider en te prévenant de dangers, mais explique-lui ce que tu sais maintenant : qu'il est naturel d'être en intimité avec soi-même et avec les autres et d'y prendre plaisir ; dis-lui que ces dangers ne sont pas réels, que ce sont des fantasmes qu'on nous a enseignés, dont on a hérité.

Peut-être peux-tu observer ces fantasmes, de manière protégée, à l'abri de ton rempart.

Propose à ta peur de ne plus s'en préoccuper, montre-lui les fantasmes qui s'évanouissent dans la lumière.

Répète avec la peur : « JE SUIS LA LUMIÈRE QUI ÉCLAIRE L'OBSCURITÉ À L'INTÉRIEUR DE MOI, AU-DELÀ DE MOI. JE SUIS LA LUMIÈRE QUI DISSIPE ET ÉCARTE LES OMBRES, LES PEURS ET LES FANTASMES. JE SUIS LA LUMIÈRE. »

Est-ce que tu te rends déjà compte de ce qui est en train de se passer ?

Et maintenant, demande à ta peur de se renouveler de manière bénéfique grâce à ta respiration, qu'elle devienne ton alliée, qu'elle se transforme en précaution salutaire.

Laisse-la aux mains de ta Sagesse Universelle et rappelle-toi de NE JAMAIS RENONCER À TES RÊVES, rêve-les souvent, avec des images et une profusion de détails, désire-les de toutes tes forces et confie-les à ta Sagesse Universelle, en lui disant : « J'ai désiré de tout mon cœur ce qui est bon pour moi, à toi de faire en sorte maintenant que ça devienne réalité. Montre-moi les chemins et les portes pour les atteindre et je te promets de les reconnaître parce que ce seront les chemins et les portes qui se présentent et s'ouvrent avec facilité et me remplissent de joie et de paix. Et je laisse mes rêves et mes désirs dans tes mains et je t'en remercie par avance. »

Et maintenant, ne t'en occupe plus, c'est déjà dans les mains de ta Sagesse Universelle.

En gardant les sensations agréables que tu as maintenant, fais une respiration profonde et ouvre les yeux.

Commentaires des participants

Commentaires au coordinateur de groupe

Après qu'ils aient commenté leur expérience de l'exercice, leur proposer ces tâches pour la semaine suivante :

1. Chaque fois qu'ils sont gênés par quelque chose que font les autres, qu'ils se demandent s'ils ne font pas la même chose et qu'ils digèrent la gêne avec la respiration.

2. Qu'ils disent aux autres ce qui leur plaît chez eux et qu'ils apprennent à dire « je t'aime ».
3. Qu'ils se rappellent leurs rêves et les désirent de toutes leurs forces, particulièrement dans leur lit, que ce soit le soir, avant de s'endormir, ou le matin au réveil.

10. La peur d'aller très bien et de recevoir ce que la vie me donne

Introduction

Demander aux participants ce qu'ils ont fait des trois tâches : Ont-ils découvert en eux des choses qui les gênaient chez les autres ? Ont-ils pu reconnaître ce que les autres faisaient de bien et même leur dire « je t'aime » ? Comment l'ont-ils vécu ? Se sont-ils souvenus de désirer leurs rêves de tout leur cœur ?

Introduction du thème

Parfois, nous n'osons pas rêver parce que nous avons peur d'aller complètement bien et de recevoir ce que la vie nous donne. D'autres fois parce que nous sentons ou nous avons appris que le bon, « c'est pas pour nous », ça ne nous concerne pas.

La peur d'aller complètement bien ainsi que le fait de croire que quelque chose n'est pas pour nous, proviennent de croyances limitantes.

Nous avons appris que « aimer, c'est donner et ne pas recevoir » et, comme les bons sont ceux qui aiment, il en résulte que tout le monde veut donner et ne rien recevoir. Quand j'étais petite, j'entendais : « Celui qui donne ensuite exige. Celui qui reçoit est redevable. »

Rappelez-vous que nous avons appris qu'il n'y a qu'une seule première place, ce qui veut dire qu'il n'y en a qu'un qui peut être complètement bien, et nous croyons que celui-ci n'a pas de failles, qu'il ne se trompe pas. Nous avons appris à nous battre pour la première place et, pour la gagner, à remarquer les torts et les erreurs des autres tout en occultant les nôtres. C'est ainsi que nous avons perdu la possibilité d'apprendre de nos erreurs, ce qui est la seule façon humaine d'apprendre. Nous avons perdu la possibilité d'apprendre de nos erreurs et nous nous sommes mis à envier celui qui occupe à ce moment-là la première place, et à essayer de l'en faire tomber pour occuper sa position.

Le résultat, c'est que tout le monde va mal : celui qui occupe la première place parce qu'il reste seul et qu'il craint d'en tomber, les autres parce qu'ils ne sont pas ceux qui sont en haut.

Et parce que la vie n'est qu'une « vallée de larmes », quand tout va bien, on attend la tuile qui va nous tomber sur la tête. Si nous allons très bien, nous avons du mal à en profiter car nous ne savons pas quel va être le prix qu'il va falloir payer ensuite, ou parce que nous croyons que nous ne le méritons pas.

C'est vrai qu'il y a beaucoup de gens envieux, et que nous avons peur qu'on nous envie ou qu'on nous fasse du mal ; ou pire encore, nous voyons autour de nous tant de difficultés que nous ne nous sentons pas le droit d'aller bien si ceux qui nous entourent et que nous aimons vont mal. Comme si notre bien-être se faisait à leurs dépens, et nous le vivons comme de la trahison ou de la déloyauté. Il existe aussi la peur de continuer à grandir, à changer, et ainsi de nous retrouver seuls.

Mais en réalité, si les autres vont mal et ne font rien pour changer, nous ne pouvons guère faire grand-chose pour les aider. Les envieux vont de toute façon continuer à nous envier, et les gens qui nous aiment nous aiment pour le meilleur et pour le pire.

Il n'est pas vrai non plus que la vie n'est que souffrance et que le bonheur a un prix.

Ce qui est normal, c'est que les choses soient faciles, et pas difficiles. Le normal c'est d'aller bien et nous pouvons tous aller bien.

Ces apprentissages et ceux que nous avons heureusement déjà effacés dans les séances précédentes contribuent à ce que le monde tourne à l'envers.

Comment le monde s'est-il mis à tourner à l'envers ?[22]

Une très ancienne légende maya raconte qu'il y a très longtemps, si longtemps qu'on ne peut pas s'en rappeler, avant l'édification des cités cérémonielles que nous connaissons aujourd'hui, il existait une société où tout n'était qu'harmonie : où chacun était à sa place et accomplissait sa mission au service de la communauté, de la Nature et de la planète et où personne ne se croyait meilleur ou plus important que l'autre. Les prêtres assuraient la communication entre le peuple et la divinité ; les paysans honoraient la Terre Mère en la cultivant, et lui étaient reconnaissants des fruits qu'ils récoltaient pour les nourrir tous ; les gardiens des sites sacrés les entretenaient et les purifiaient, en les préparant pour les cérémonies ; les musiciens jouaient pour tous et les enfants aussi étaient à leur place, à apprendre et à se préparer pour ce qu'il leur reviendrait plus tard de faire.

À cette époque, le *Tzolkin* ou le Calendrier Sacré maintenait l'harmonie. Le *Tzolkin* était une énergie bleue conservée à l'intérieur d'une croix de pierre sur laquelle étaient gravés les glyphes de toutes les forces de l'univers, les forces motrices de tous les temps. La croix du *Tzolkin* siégeait au milieu d'un grand patio du centre cérémoniel de chaque cité.

La légende raconte que, par une nuit noire, sans lune, une nuit si lointaine qu'elle se perd dans le temps, des envahisseurs vinrent du ciel pour dérober l'énergie sacrée du *Tzolkin*. Les prêtres furent prévenus à temps et la conservèrent dans leur corps, dans leur âme, dans leur propre énergie, dans leur lumière, pour qu'on puisse un jour la ranimer. De toutes petites étincelles de l'Énergie Bleue pénétrèrent dans le corps de tous les êtres vivants.

Les envahisseurs brisèrent la croix de pierre en quatre morceaux pour trouver le *Tzolkin*. Ils ne l'ont jamais trouvé. Furieux de ne pouvoir s'approprier l'énergie sacrée de la croix bleue, ils décidèrent de renverser le monde pour se venger des êtres humains qui avaient été heureux jusque-là, et pour se nourrir de leur douleur, de leur peur, de leur désespoir, de la haine qu'ils allaient générer entre eux.

---

22. Cette histoire a paru la première fois dans la revue *Saludablemente Disfutando*, N° 4, Éditions Alom, octobre 2003, pp. 39-45.

La première chose que firent les envahisseurs fut de construire la pyramide du nouveau gouvernement avec les morceaux de cette croix, un pour chaque angle. Ensuite, ils divisèrent l'image de la croix en quatre morceaux, ils la renversèrent et construisirent un nouveau calendrier qu'ils ont appelé sacré… un blasphème. Le nouveau calendrier était un carré dont chacun des angles désunis des autres formaient un coin et ils l'imposèrent au peuple.

Selon la légende, c'est à ce moment-là que le monde s'est mis à tourner à l'envers.

Je vous invite à imaginer que la Croix du *Tzolkin* se reconstitue en vous et se remette en place.

Dernier exercice

Les yeux fermés, sens ta respiration qui réveille ta Sagesse Universelle, ressens-la, regarde-la, comme elle se déploie en toi et au-delà de toi, à chaque respiration.

Rappelle-toi l'histoire que je t'ai racontée, qui a lieu dans un site cérémonial maya, au milieu de la forêt.

Maintenant, imagine cet ancien calendrier, brisé en quatre angles qui forment un carré.

Et observe comment, par la seule force de ton désir, ta Sagesse Universelle ranime de toutes ses forces l'Énergie Sacrée bleue en toi. Et sans que tu fasses quoi que ce soit, cette Énergie réintègre les autres angles de la croix originale, en toi et au-delà de toi.

Et permets au *Tzolkin* de travailler à aider, de l'intérieur de toi, le monde à revenir à ce qu'il est naturellement, à l'harmonie, et qu'il se transforme en un monde meilleur, où règne l'union plutôt que la division, où nous collaborons au lieu de rivaliser, en reconnaissant et en respectant nos émotions, notre corps et notre sexualité en tant que force sacrée, tous éclairés par cette Sagesse Universelle.

Reste-là un moment à ressentir le *Tzolkin* en toi, et à sentir comme il se déploie au-delà de toi. Et ensuite, en gardant les sensations agréables que tu éprouves maintenant, quand tu le veux, fais une respiration profonde et ouvre les yeux.

Commentaires des participants

Commentaires du coordinateur de groupe

Et le soir, avant de vous endormir, ou à n'importe quel moment, restez un peu à rêver à ce monde meilleur ou invitez les autres à faire de même.

11. Dernière séance. Évaluation et partage

Vous pouvez la faire à votre façon. Quant à nous, nous invitons les participants à apporter quelque chose à manger ensemble et à faire en sorte d'avoir du temps pour que nous puissions partager un plus long moment de convivialité.

Dans cette séance, de manière informelle, dans une conversation hypnotique, nous concluons le travail de groupe de la même manière que dans l'exercice pour demeurer en paix avec les autres :

1. Nous évaluons la façon dont les différents participants ont vécu le groupe et encourageons les critiques constructives.
2. Nous rappelons les différents thèmes traités et les moments importants pour le groupe en se rappelant tout ce qu'il nous a laissé de bon.

Derniers commentaires

Ici se termine ce manuel alors qu'en réalité ne fait que commencer pour vous, chère lectrice, cher lecteur, l'étape de son utilisation.

Je vous invite à l'essayer et à profiter de sa simplicité.

Beaucoup de nos étudiants en Master de thérapies ericksoniennes l'ont appliqué à différents groupes : des adolescents, des personnes diabétiques, des patients en rééducation fonctionnelle à la suite d'un accident vasculo-cérébral, des étudiants universitaires, des professionnels de la santé, parmi bien d'autres, toujours avec des résultats spectaculaires. Ces résultats participent à refaire tourner le monde dans le bon sens à l'intérieur de chaque personne pour qu'il se mette dorénavant à tourner à l'endroit dans son foyer, dans sa famille, dans son travail, dans sa communauté, dans son pays, sur sa planète.

Ici se termine ce livre, le premier d'une série à paraître pour cibler des thèmes différents comme les groupes de développement pour adolescents, le travail avec des femmes victimes d'abus, avec des patients chroniques ou en phase terminale, l'autohypnose, la gestion du stress, la gestion des conflits.

Puisse ce livre nous aider à unir nos forces pour construire un monde meilleur.

Dans la même collection :

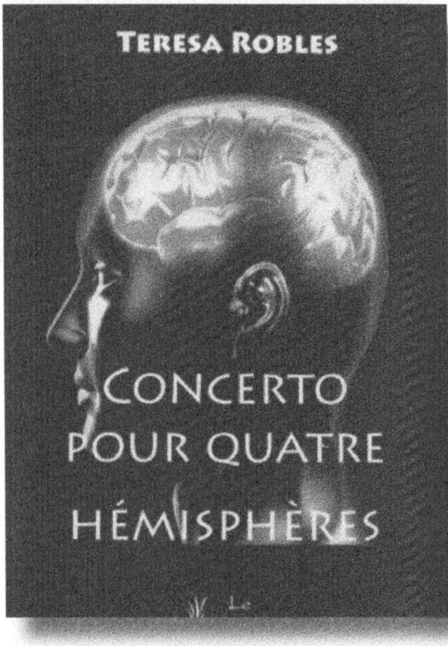

WWW.SATAS.COM

WWW.SATAS.COM

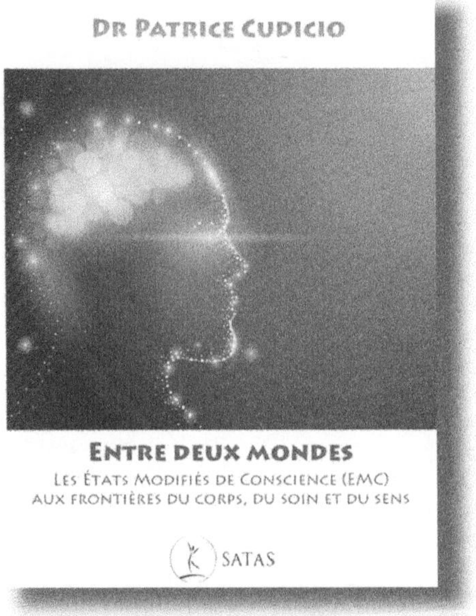

Dr Patrice Cudicio
Entre deux mondes
Les États Modifiés de Conscience (EMC)
aux frontières du corps, du soin et du sens
SATAS

Armelle Touyarot
Pas à pas
Guide d'auto-préparation
à l'accouchement par l'hypnose
SATAS

Jim Knipe
La «Trousse à outils» de l'EMDR
Théorie et traitement de l'ESPT complexe et de la dissociation
2ème édition revue et augmentée
SATAS

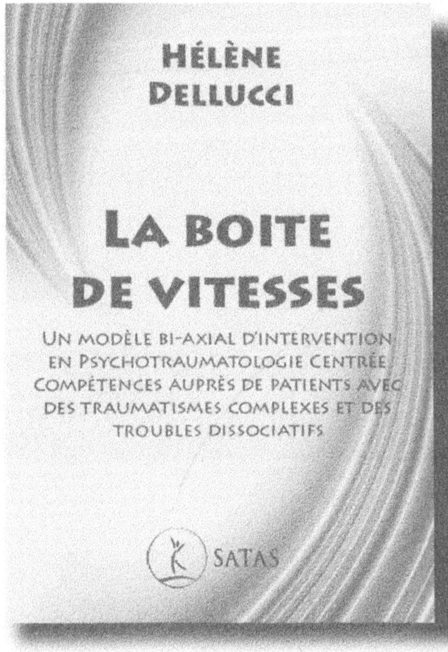

Hélène Dellucci
La boite de vitesses
Un modèle bi-axial d'intervention en Psychotraumatologie Centrée Compétences auprès de patients avec des traumatismes complexes et des troubles dissociatifs
SATAS